国家出版基金项目
NATIONAL PUBLICATION FOUNDATION

U0664302

中央宣传部 2022 年主题出版重点出版物

林业草原国家公园融合发展

草原草业

《林业草原国家公园融合发展　草原草业》编委会 ｜ 编

中国林业出版社
China Forestry Publishing House

国家林业和草原局草原管理司　支持出版

图书在版编目（CIP）数据

林业草原国家公园融合发展.草原草业 /《林业草原国家公园融合发展　草原草业》编委会编 . —北京：中国林业出版社，2023.10

中央宣传部2022年主题出版重点出版物

ISBN 978-7-5219-2223-3

Ⅰ.①林… Ⅱ.①林… Ⅲ.①国家公园－建设－研究－中国 Ⅳ.①S759.992

中国国家版本馆CIP数据核字（2023）第107236号

策　　划：刘先银　杨长峰
策划编辑：何　鹏
责任编辑：张　健
责任校对：于晓文
责任印制：赵　芳
封面设计：北京大汉方圆数字文化传媒有限公司

出版发行：中国林业出版社
　　　　　（100009，北京市西城区刘海胡同7号，电话010-83143543）
电子邮箱：cfphzbs@163.com
网址：https://www.cfph.net
印刷：北京中科印刷有限公司
版次：2023年10月第1版
印次：2023年10月第1次
开本：787mm×1092mm　1/16
印张：15
字数：265千字
定价：138.00元

序

　　草原是地球上面积最大的陆地生态系统，覆盖着陆地总面积的一半。草原既是重要的生态系统，也是重要的生产资料，还是农牧民生活的家园，具有生态、生产、生活"三生"空间特征，是重要的水库、粮库、钱库、碳库。草原草业高质量发展关系国家生态安全、粮食安全、生物安全、能源安全，关系边疆稳定、民族团结、乡村振兴，在经济社会发展大局中具有举足轻重的作用。

　　中国是草原大国，草原面积居世界第一位，草原在中国文明发展史上扮演着不可或缺的角色。草原是人类文明的起源地，大约在 1 万年前，人类的祖先就走出森林，在草原上狩猎，驯化动植物，在顺应自然中孕育了早期文明，草原文化在人类发展史中扮演着重要的角色。依托草原资源发展出的草原畜牧业，一直伴随着人类文明的发生和发展。随着文明的演替，在中国，农耕文明逐步占据了主导地位，但畜牧业仍然是草原地区的主要生产生活方式，也是牧区天然草原和非牧区农耕系统耦合的必要环节。近代，部分草原被工矿业入侵，人口快速增长，社会加速变迁，对草原的无序开发超过了其实现自我恢复的阈值，草原生态健康状况下降，干旱加剧，沙尘暴肆虐，生产功能衰退。草原生存环境恶化，直接威胁到整体农业和人类自身生存。

　　时代呼唤生态文明，恢复草原生态功能和提升草原生产能力成为国家生态文明建设的重要内容。草原的主导功能从畜牧业生产转向生态服务功能。2018 年，国家林业和草原局成立，中国草原历史上第一次有了与草原大国相适应的国家级的行政管理专职机构，为草原保护修复和草业高质量发展提供了有力支撑。

　　党中央、国务院高度重视草原工作，将其作为山水林田湖草沙一体化保护和系统治理的重要内容，整体推进生态文明建设。党的十八大以来，生态文明建设被纳入"五位一体"总体布局，保护修复与合理利用草原成为生态文明建设的重要领域。习近平总书记多次对草原生态保护作出重要指示批示。国家林业和草原局提出，国务院办公厅印发的《关于加强草原保护修复的若干意见》，以前所未有的力度推进草原工作顶层设计，加强草原保护修复，落实"人居、草地、畜群"三位一体的草原生态系统管理制度，草原承受的压力有所缓解，草原得到休养生息，总体上持续退化的势头得到遏制，草原健康明显改善，草原上各族人民生产生活水平显著提升。

　　林草兴，则生态兴；生态兴，则文明兴。草原保护修复和草业高质量发展是推进建设人与自然和谐共生的中国式现代化进程的一项重要工作，是美丽中国和生态文明建设的重要组成部分。当前，我国生态文明发展正处于起步阶段，草原生态脆弱、基础工作薄弱、草业发展水平不高的挑战依然存在，草原保护和草业高质量发展的任务十分艰巨。我们必须担负起生态文明建设的重大历史责任。要切实贯彻落实习近平生态文明思想，在生态文明建设的历史方位中明确草原发展方向，在山水林田湖草沙一体化保护和系统治理中找准草原定位，在林业草原国家公园融合发展中谋划草原草业发展新路，在新征程中构建草原发展新格局，加强草原保护修复，改善草原生态状况，提升草原生产力，藏粮于草，推动草原地区绿色发展，为建设生态文明和美丽中国奠定重要基础。

　　《草原草业》分册作为中央宣传部主题出版重点出版物《林业草原国家公园融合发展》的组成部分，由国家林业和草原局唐芳林副局长领衔的草原管理和科技人员编写团队认真组织、精心编写。本书不仅介绍了草原与草业发展的既有知识和实践成果，吸收了草原行业最新的研究成果，还创新发展了草原草业发展理论。这是我国传播草原知识、宣传草原生态文明建设的第一本书，必将为广大草原工作者和全社会关心、关注草原的广大读者提供有价值的参考。

我这个毕生从事草业科学的老草原人，亲眼看到我国草原健康状况走出衰败的谷底，迈向新中国草业发展的光辉征程，欣逢中华民族伟大复兴的历史机遇期，深感荣幸，尤其欣喜地看到新一代草原人发奋图强、开拓创新的精神风貌，对我国生态文明时代的草原建设更加充满信心。

中国工程院院士　任继周

2023 年 5 月于北京

前言

党的二十大报告把人与自然和谐共生作为中国式现代化的重要特征之一，对推动绿色发展、促进人与自然和谐共生作出部署、提出要求，赋予林草部门重大历史使命。牢固树立和践行"绿水青山就是金山银山"理念，坚持山水林田湖草沙一体化保护和系统治理，推行草原森林河流湖泊湿地休养生息，科学开展大规模国土绿化行动，不断提升林草湿沙生态系统的多样性、稳定性和持续性，是建设中国式现代化的内在要求。

草原具有水库、粮库、钱库和碳库"四库"的巨大功能，是我国重要的生态系统和自然资源，也是边疆各族群众赖以生存的生产资料和生活家园，是我国重要的绿色生态安全屏障。我国天然草原主要分布在东北平原以西，以及沿内蒙古高原、经黄土高原至青藏高原东缘一线以西的广大干旱、半干旱和高寒地区。这个绵延 4500km 的绿色自然保护带，是我国构筑生态安全战略"两屏三带"的主体部分，是中国大陆乃至许多亚洲国家重要的生态屏障，在防风固沙、水土保持、水源涵养、固碳释氧、生物多样性保护等方面发挥了极其重要的生态功能。

草原是生物多样性宝库。我国是草原生物多样性最丰富的国家之一，草原野生植物种类占世界植物总数的 10% 以上。我国天然草原有野生植物 1.5 万多种、野生动物 2000 多种，以及不计其数的微生物，这些都是十分宝贵的种质资源。草原是培育和驯化草地植物新品种非常宝贵的基因库。调查显示，我国草原饲用植物有 6700 余种，分属 5门 246 科 1545 属，约占我国植物总数的 25%，其中，我国草原特有饲用植物 493 种，草原野生珍稀濒危植物 83 种。《中国珍稀濒危植物保护名录》列入的 389 个物种中，草原植物有 51 种以及 3 变种，占 13.9%。我国草原区野生动物 2000 多种，许多属于古北界中亚亚界蒙新区动物，数量少、种类珍奇，如羚羊、白唇鹿、野驴、野牦牛、马鹿、雪鸡等，其中 40 余种属国家一级保护野生动物，30 余种属国家二级保护野生动物。此外，草原上还有 250 多个放牧家畜品种，它们既是珍贵的遗传资源，也是重要的经济资源。

草原是我国现代草业发展的基础资料。草原为畜牧、食品加工、纺织、制药、化工及造纸等产业提供基本原料，同时也为旅游业、文化产业、康养产业、碳汇产业、生态修复产业等新业态提供了基础资料。改革开放以来，我国以草原为基础的草业经济不断发展，形成了草牧业、草种业、草产品生产加工业、草坪业等主导草产业。全国相继建立了一批具有相当规模的草种基地，生产了适应性强、生长表现良好的牧草种子，带动并促进了草种产业。草产品生产加工业快速发展，草产品加工企业已达 190 多个，年生产能力达 460 多万 t，草产品出口量逐年增加，成为外贸出口的新亮点。现代草牧业充分延伸了家庭经营的动物养殖产业链，还连接着屠宰加工等多种需求，可提高附加值，成为我国农村在家庭经营基础上形成集群经济的重要依托。在不同自然条件下的优良草种和畜种形成的产业链，使植物生产与动物生产相结合；将牧草和家畜充分引入大农业系统，农田与草地相结合，生态保护与生产发展相结合，保障现代草业的可持续发展。

草原是牧民安居乐业、牧业发展和牧区社会稳定的基础。我国草原大多分布在边疆少数民族聚居区，具有"四区叠加"（边疆地区、生态屏障区、少数民族聚居区和巩固脱贫攻坚成果重点地区相互叠加）的特点，居住着 5000 多万少数民族群众，经济社会发展相对落后。天然草原是蒙古族、藏族、哈萨克族、裕固族等少数民族的生产、生活资料，也是民族地区社会经济发展和民族文化传承的重要保障。我国西部 12 个省份的草原面积占全国草原总面积的 95% 以上，原 592 个国家级贫困县中，366 个（61% 以上）分布在西部草原地区。这些地区经济发展对草原的依赖度相当高，大力发展以草原为生产资料的畜牧业、加工业、草种业等传统草业是巩固脱贫成果、推动乡村振兴的重要选择。同时，发展以草原为依托基地的生态旅游业、生态文化产业、康养产业等新型草业，有利于改善这些地区的生态和人文环境，吸引社会投资、增强发展能力，助力乡村振兴。加强草原保护和建设，有利于改善草原生态和发展草原地区经济，可加快各族人民共同富裕的步伐，增进民族团结和社会稳定。

草原是我国重大战略实施的主阵地。我国草原分布在丝绸之路经济带地区和长江、黄河源头地区，是"一带一路"倡议以及"黄河流域生态保护与高质量发展""长江经济带发展"等国家重大规划战略实施的主阵地，对推动地区社会经济高质量发展和生态文明建设具有十分重要的意义，是实现美丽中国建设的根本保障。草原是实现双碳目标的重要领域。我国草原面积辽阔，不仅有丰富的生物和土地资源，而且具有重要的风能、太阳能和地热等能源资源，可以为风力发电、光伏发电等清洁能源生产提供重要基地，在国家能源结构改革中发挥着重要作用。另外，我国生物质资源极其丰富，共有 1500 余种植物可作为生物质燃料生产原料，草原拥有丰富、巨大发展潜力的生物质植物资源，积极发展草原生物质能源是必然趋势。生物质能源是仅次于煤炭、石油和天然气的世界第四大能源消费品种，其消费总量位居六大可再生能源（太阳能、风能、地热能、水能、生物质能和海洋能）之首。目前，我国已在木质纤维素水解、代谢产物分离与纯化等生物质能源开发利用的关键技术上取得重要进展。开发利用草原生物质资源等潜在清洁能源，是我国实施能源安全战略的重要举措。

鉴于草原的巨大生态服务功能价值，以习近平同志为核心的党中央高度重视草原工作，强调草原在维护国家生态安全、食品安全、边疆稳定、民族团结和促进经济社会可持续发展、农牧民增收等方面具有基础性、战略性作用。我们要切实贯彻落实习近平生态文明思想，赋予草原在生态建设中的优先地位，在保障食物安全中的突出地位，在促进乡村振兴中的重要地位，在维护生物多样性和实现双碳目标中的特殊地位，加强草原保护修复，改善草原生态状况，提升草原生产力，高质量发展现代草业，为建设生态文明和美丽中国奠定重要基础。

草木植成，国之富也。按照创新、协调、绿色、开放、共享的发展理念，以完善草原保护修复制度、推进草原治理体系和治理能力现代化为主线，加强草原保护管理，推进草原生态修复，促进草原合理利用，改善草原生态状况，推动草原地区绿色发展，为推进生态文明建设和建设美丽中国奠定重要基础，在实现中华民族伟大复兴的中国梦的伟大征程中增添草原色彩。

本书编委会

2023 年 1 月

目录

第二章　草原治理体系

第三章　草原休养生息

第四章　草原保护修复

第五章　草业高质量发展

第六章　草原管理改革创新

第一章

草原概况

草是人类生存须臾不可离开的植物，是山水林田湖草沙生命共同体的重要组成部分。

草，百卉也，一般指草本植物，是高等植物中茎干柔软的植物的统称，与之相对应的是木本植物。草本植物以广泛的适应性、顽强的生命力、庞大的数量占据着最大的陆地空间，几乎无处不在，凡是有植物生存的地方就有草的存在，草原植被紧贴地表生长，在各大洲广泛分布，因此草原被比喻为地球的皮肤。草是广为利用的可再生自然资源，由食草动物食用转化进而为人类提供食物，水稻、玉米、豆类、薯类等庄稼和蔬菜本身就是草本植物，大多由草原野生植物驯化而来，现在已成为人类须臾不可离开的食物。草扎根于土壤，聚居于地面，构成不同类型的草原，生生不息，为人类造福。"离离原上草，一岁一枯荣。野火烧不尽，春风吹又生"，这就是对草的真实写照。

草原是人类文明的起源地。人类先祖走出森林，走向草原，随水而迁，逐草而居，猎兽而生，取物而存，草原成为人类赖以生存、进化和发展的重要场所。粮草，成为人类延续生命的物质基础。人类在同自然的互动中生产、生活、发展，直到今天，草原也是支撑人类生存和发展的重要生态系统和自然资源。

人与自然的关系是人类社会最基本的关系，是马克思主义基础性的理论观点。习近平生态文明思想对"人与自然和谐共生""绿水青山就是金山银山"等理念进行了深刻揭示，深化了马克思主义关于人与自然的认识。草原给人类提供了生产和生活资料来源，认识草原生态系统，尊重自然规律，是处理好草原生产和生态辩证统一关系的前提。让我们走进草原，全面认识草原生态系统。

第一节　草原概念内涵及分类分区

一、草原的定义

人们对草原，可以说是既熟悉又陌生。熟悉的是，人人都知道草原是长草的大片土地。陌生的是，许多人说不清草原的准确定义。事实上，世界各国对草原并没有一个统一的定义。在中文里，草原、草地、草甸、草场、牧场、草山、草坡、草皮，都可以是草原。在美国，20 世纪 50 年代以前，把"平坦、广阔、干旱、不宜于作物和森林生产的地方，以生产草本饲用植物为主，发展放牧畜牧业的地方"称为草原。仅英语中，就有 grassland、range、rangeland、pasture、pastureland、prairie、tussock 等作为草原一词使用。

不同学科对草原也有不同的定义。植被学定义为：草原是以旱生多年生草本（有时为旱生小半灌木）组成的植物群落，与森林（forest）、灌丛（shrub）、荒漠（desert）、草甸（meadow）、沼泽（marsh）等并列。这一定义范围内容较窄，仅指半湿润半干旱区的地带性植被，如欧亚大草原或典型草原（Steppe）、北美普列里草原（Prairie）、非洲南部的维尔德草原（Veld）等。生态学定义：草原是生长草本植物为主，或兼有灌木或稀疏乔木，包括林间草地及栽培草地的多功能土地-生物资源，是陆地生态系统的重要组成部分，具有生态服务、生产建设、文化承载等功能。农学定义：草原是主要生长草本植物，或兼有灌木和稀疏乔木，可以为家畜和野生动物提供食物和生产场所，并可为人类提供优良生活环境及牧草和其他许多生物产品，是多功能的土地-生物资源和草业生产基地。

20 世纪 50 年代，我国草地学创始人王栋把草原定义为，"凡因风土等自然条件较为恶劣或其他缘故，在自然情况下，不宜于耕种农作，不适于生长树木，或树木稀疏而以生长草类为主，只适于经营畜牧的广大天然草地。"关于草原的现代科学定义，我国草业科学界曾给予了一定的解释。80 年代，我国著名草原学家、中国工程院院士任继周先生用草原生态系统的观念解释了草原的含义，提出："草原是以草地和家畜为主体所构成的一种特殊的生产资料，在这里进行着草原生产，它具有从日光能和无机物，通过牧草到家畜产品的系列能量和物质流转的功能。"到了 90 年代，基于全球对草原多功能性的认识，在任继周担任"草学"学科主编的《中国大百科全书》中"草原"词条的释义为："草原是以天然饲用植物为主的具有特殊生态系统的畜牧业生产基地。"

在《中华人民共和国草原法》（以下简称《草原法》）中，草原是指天然草原和人工草地。其中，天然草原包括草地、草山和草坡；人工草地包括改良草地和退耕还草地，不包括城镇草地。

随着认识的深化，人们已经认识到，草原是生长草本植物为主体的广大土地，包括草地、草场、草山草坡，是人类放牧生产、经营利用、文化生活和保护环境、改造自然的重要场所。草原具有丰富的内涵，它包括了草地上的所有生物资源、环境资源和社会资源。在生物资源中涵盖了草原上所有生命现象的植物、动物、微生物；在环境资源中，涵盖了与草原共同发生发展的水、土、气的各类因素；在社会资源中，涵盖了草原民族的所有衣食住行和文化行为。草原与其周围的环境、土地、气候、民族文化等共同组成了一个丰富多样的生态系统。在生态文明建设新时代，对草原生态系统的多功能性的认识得到了全面深化，以生态保护为主，取之有度，用之有时，可持续利用，成为对草原的主流认识。

案例 1-1　呼伦贝尔草原

呼伦贝尔草原位于内蒙古自治区东北部，大兴安岭以西，因呼伦湖、贝尔湖而得名。草原总面积 9.3 万 km^2，占呼伦贝尔市总面积 25.3 万 km^2 的近 40%。欧亚草原是世界上面积最大的草原，自欧洲多瑙河下游起，呈连续带状往东延伸，经东欧平原、西西伯利亚平原、哈萨克丘陵、蒙古高原，直达中国的东北。呼伦贝尔草原地处欧亚草原最东部，是欧亚草原中保存最为完好、景观最为壮美的草原。

自公元前 200 年左右（西汉时期）直至清朝，在 2000 多年的时间里，呼伦贝尔草原以其丰饶的自然资源孕育了我国北方诸多的游牧民族，被誉为"中国北方游牧民族成长的历史摇篮"。东胡、匈奴、鲜卑、室韦、突厥、回纥、契丹、女真、蒙古等十几个游牧部族，或在此厉兵秣马，或在此转徙、征战、割据，创造了灿烂的游牧文化。

呼伦贝尔草原是个风景优美、景色宜人的地方。陈巴尔虎族草原上的莫日格勒河被称为第一曲水，是游牧部落的天然牧场，水草丰美的季节，大量游牧的牧民聚集在此，形成自然的游牧部落。呼伦贝尔是举世公认的蒙古族发祥地，全国仅有的达斡尔、鄂温克、鄂伦春 3 个少数民族都生活在这片草原上。

二、草原与草地

草原和草地有时相通，但二者也有区别。草原是以草本植物为主的生态系统的总称，草原包括草地，同时具有生态系统和自然资源内涵，有时泛指大面积和大范围的天然草地。草地是主要生长草本植物的土地，是一种地类，与耕地、林地等地类并列，包括天然牧草地、沼泽草地、人工牧草地、其他草地，而第三次全国国土调查（以下简称国土三调）将沼泽草地划入湿地。草原和草地的区别：草地是生长草的土地，但草地一词不强调其宏大性和地带性，而只说明其地表上的植被成分是草本植物，可以宏大如草原，也可微小如一片草坪，其地表植被可以为自然生长形成，也可以人工种植栽培形成。

草原与草地的混淆使用容易产生歧义，其规范的使用应为：广义的草原或草地可广泛应用于林草和农业部门的政府文件、中外科技文献、教材课程等领域，具体使用时泛称"草原"或"草地"；狭义的植被学范畴的草原可以用于植物地理学或植被学等学术领域，具体使用时应称其为"草原植被"（如温带草原植被或斯太普草原植被）；狭义的土地资源范畴的草地主要用于国土（自然资源）部门的土地利用分类，具体使用时应称为"草地地类"；在不同语境下规范使用草原（草地）、草原植被、草地地类等几个名词（图 1-1），可以减少公众对草原与草地相关术语认知的歧义。

20 世纪 80 年代第一次全国草地资源调查中规定，草地范围包括：植被总覆盖度大于 5% 的各类天然草地，以牧为主的树木郁闭度小于 0.3 的疏林草地和灌丛郁闭度小于 0.4 的疏灌丛草地；弃耕还牧持续撂荒时间大于 5 年

| | 主要生长草本植物或兼有灌木和稀疏乔木，可以为家畜和野生动物提供食物和生产场所，并可为人类提供优良生活环境及许多生物产品，是多功能的土地 – 生物资源和草业生产基地；具体划分依据为草本植物覆盖度大于 5%、乔木郁闭度小于 0.1、灌木覆盖度小于 40%；包括天然草原和人工草地。据此定义，我国草原面积约 60 亿亩①，约占国土总面积的 40.9%。 |

国际农学和植被学范畴的草原（草地）
中国农学和法律范畴的草原（草地）

中国国土资源范畴的草地（草地地类）

| | 一种土地利用类型，是生长草本植物为主的土地，包括天然牧草地、人工牧草地和其他草地。据此定义我国草地地类总面积近 40 亿亩，约占国土总面积的 27.5%。 |

中国植被学范畴的草原（草原植被）

| | 半湿润半干旱区的地带性植被，由旱生多年生草本植物为主（有时为旱生的小半灌木）组成的植物群落，主要分布于欧亚草原——斯太普（Steppe）草原的东部，根据层片结构划分为草甸草原、典型草原和荒漠草原三个植被亚型。据此定义，我国温带草原植被总面积约 25 亿亩，约占国土总面积的 16.7%。 |

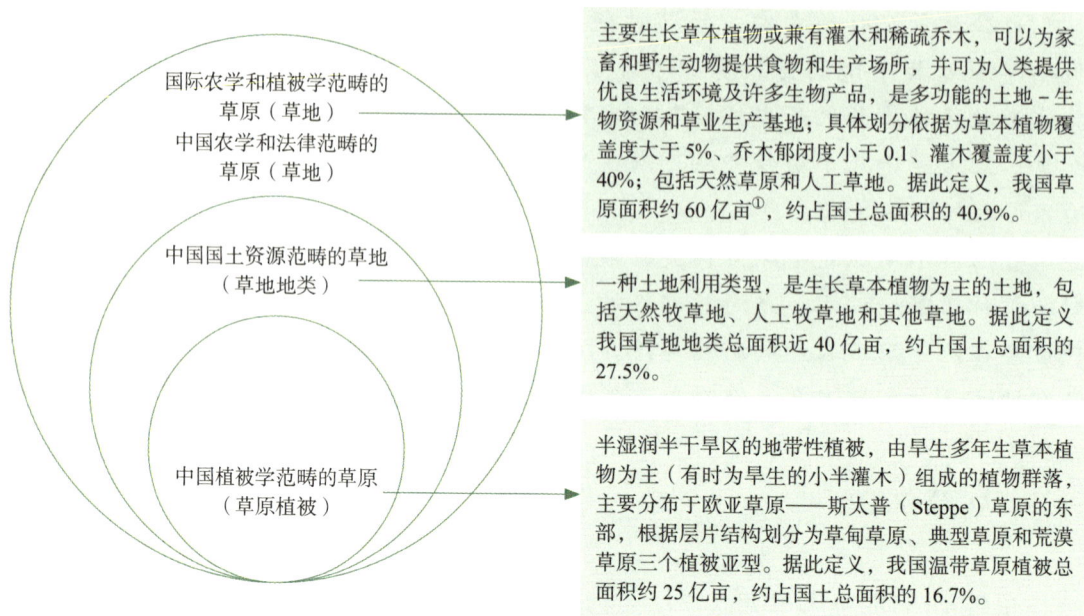

图 1-1　不同语境下草原（草地）的概念与内涵

的次生草地，以及实施改良措施的改良草地和人工草地；沼泽地、苇地、沿海滩涂；植被总覆盖度大于 5% 的高寒荒漠、苔原、盐碱地、沙地、石砾地；林地范畴中的 5 年内未更新的伐林迹地或火烧迹地、造林未成林地；耕地范围中的宽度大于 1~2m 的田埂、堤坝（南方宽大于 1m，北方宽大于 2m）；属于居民点、工矿、交通用地、风景旅游区、国防用地、村庄周围、道路两侧以多年生草本植物为主的各种空闲地。

20 世纪 80 年代全国第一次草地资源调查结果显示，我国草原面积为 3.93 亿 hm^2（近 60 亿亩），约占国土面积的 41.7%。按照国土三调的数据，我国有草地面积 2.65 亿 hm^2（39.68 亿亩），其中，天然牧草地 31.98 亿亩，占 80.59%；人工牧草地 0.087 亿亩，占 0.22%；其他草地 7.62 亿亩，占 19.19%。

三、草原形成与发展

早在 6500 万年前到 2330 万年前的早第三纪是被子植物极度繁盛的时期。当被子植物出现后，并不是立刻就有了草原。当时全球性气候温暖，雨水丰

---

① 1 亩 ≈ 666.67m²。

富，阳光充足，植物界异常繁荣，蕨类植物、裸子植物、被子木本植物、被子草本植物千姿百态，争奇斗艳，但最具优势的还是被子木本植物。到第三纪后期，草本植物大量出现，草原植被大面积扩充。其大体的趋势是森林逐步向草原转化。在早第三纪，主要是热带林、暖温带林、温带林三大植被带，在干旱地区有干旱林和深草原等；到了中期（渐新世到中新世中期，距今4000万~2500万年），在北部高纬度地区出现了亚冻原带，干旱地区增加了灌木林和草原；到了晚期（中新世中期至上新世，距今2500万~1200万年），又出现了荒漠化草原；在第四纪（距今200万年）则是出现了荒漠草原。

草原土壤的形成是草原形成与发展的重要条件。木本植物把土壤深层少而分散的营养物质吸收到植物有机体内，在枯黄后又被分解出来，如此循环就把土地中的营养物质集中了起来，形成了肥沃的腐殖质层。加之岩石风化和微生物的作用，土壤的疏松表层不断增厚，营养成分日渐丰富，就为只能从土壤表层吸收养料的浅根系草本植物的发展创造了良好的条件，草原便是在这样的土壤基础上形成和发展起来的。

在草原形成的过程中，草本植物和草原动物协同发展。草原大型食草动物，如奇蹄类中的马、犀牛，偶蹄类的牛、羊等能吃进大量的草本植物和矮小灌木，不消化的种子被排泄出来，散布在草原上，草原植物的种子在良好的粪便营养下，能够很好地萌发和生长，促进了草原的发育和进化，反过来，草原茂盛的生长又给食草动物提供了生存发展的广阔天地。

人类生产活动的干预，促进了现代意义上的草原形成。草原作为一种植被类型，已经具有几百万年的进化历史，但是草原作为人类利用的生产资料，从而具有生产功能的现代意义上的草原，却是近1万年来发生的事情。随着原始畜牧业的出现，人类就开始了草原的利用。养殖规模的进一步扩大和放养过程中牲畜的觅食与践踏，放牧地的植物组成和土壤结构也在不断地变化，加之野生动物对草原的利用，草原原始植被逐渐被改造成当今以低矮丛生类和根茎类的禾草为主的天然草原。随着人口数量的不断增加，对草原开垦利用也逐步形成。直至近现代，人类还存在隔年垦荒种植的农业生产方式，以及深冬放火烧山、春季放牧的畜牧业生产方式。隔年垦荒种植主要在北方土地宽阔地区，深冬放火烧山、春季放牧主要在南方山区。在人类生产活动和地理格局变化的共同影响下，各类草原逐渐形成。

四、草原分类

中国草原的植被类型涉及植被学中的草原、草甸、荒漠、沼泽和森林破坏后次生的灌草丛5种植被类型。为了突出草原植被特性，依据草原所处的气候带和植被结构，将草甸划分为高寒草甸、温性山地草甸和隐域性低地草甸3个类型。草原植被按照热量带划分为温性草原和高寒草原，再进一步按植被性质划分为温性草甸草原类、温性草原类和温性荒漠草原类，以及高寒草甸草原类、高寒草原类和高寒荒漠草原类六大类。将荒漠划分为温性草原化荒漠类、温性荒漠类和高寒荒漠类三大类。灌草丛植被按照热量带和植被稳定性划分。

根据中国草地资源调查的分类原则，将我国草地划分为18个类、53个组、824个草地类型。其中，18个类分别是：高寒草甸类、温性草原类、高寒草原类、温性荒漠类、低地草甸类、温性荒漠草原类、山地草甸类、热性灌草丛类、温性草甸草原类、热性草丛类、暖性灌草丛类、温性草原化荒漠类、高寒荒漠草原类、高寒草甸草原类、暖性草丛类、高寒荒漠类、沼泽类和干热稀树灌草丛类。在《中国草地资源》分类基础上，《全国草原监测评价工作手册》（2022版）将全国草原划分为草原、草甸、荒漠、灌草丛、稀树草原、人工草地6个类组、19个类、824个型（表1–1）。

表 1–1　草原类组、草原类划分情况

类组		类	
序号	名称	序号	名称
		1	温性草甸草原
		2	温性草原
Ⅰ	草原	3	温性荒漠草原
		4	高寒草甸草原
		5	高寒草原
		6	高寒荒漠草原
Ⅱ	草甸	7	高寒草甸
		8	低地草甸
		9	山地草甸

类组		类	
序号	名称	序号	名称
Ⅲ	荒漠	10	温性荒漠
		11	温性草原化荒漠
		12	高寒荒漠
Ⅳ	灌草丛	13	暖性草丛
		14	暖性灌草丛
		15	热性草丛
		16	热性灌草丛
Ⅴ	稀树草原	17	温性稀树草原
		18	干热稀树草原
Ⅵ	人工草地	19	人工草地

2020 年，在整合原《土地利用现状分类》《城市用地分类与规划建设用地标准》《海域使用分类》等分类基础上，自然资源部建立了全国统一的国土空间用地用海分类，制定了《国土空间调查、规划、用途管制用地用海分类指南（试行）》，将草地分为天然牧草地、人工牧草地和其他草地（表 1-2）。天然牧草地、人工牧草地和其他草地占全国草地面积比例情况如图 1-2。

表 1-2 草地分类及定义情况表

名称	具体含义
草地	指生长草本植物为主的土地，包括乔木郁闭度<0.1 的疏林草地、灌木覆盖度<40% 的灌丛草地，不包括生长草本植物的湿地、盐碱地
天然牧草地	指以天然草本植物为主，用于放牧或割草的草地，包括实施禁牧措施的草地
人工牧草地	指人工种植牧草的草地，不包括种植饲草的耕地
其他草地	指表层为土质，不用于放牧的草地

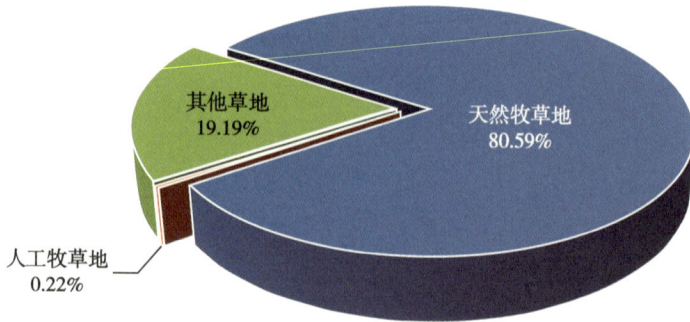

图 1-2　各类草地占全国草地面积比例

五、草原分布

草原是陆地上分布范围最广、面积最大的生态系统，世界草原面积 68.12 亿 hm^2，占陆地面积的 51.88%。世界草原在各大洲的面积分布很不平衡，亚洲的草原面积最大，非洲次之，北美洲和中美洲占第三位，南美洲占第四位，排位于后的是大洋洲和欧洲。如果按照草原面积在本洲土地面积所占的比例来看，大洋洲最大，约占到大洋洲土地面积的 72.66%。其次是非洲，约占 67.44%。亚洲的草原所占土地面积位于美洲之后，位于第四位，约占到 47.22%。最小的是欧洲，草原面积占全洲土地面积的 25.82%。

亚洲是世界上面积最大、人口最密的一个洲，草原分布广，类型多样，拥有永久草地 64500 万 hm^2，加上其他类型草地共有 126000 万 hm^2，占土地面积 29%。亚洲的草原主要由俄罗斯的西伯利亚、中亚草原、蒙古草原和中国西北部草原构成。植被主要由针茅属的丛生禾草以及其他草类、半灌木和小灌木组成。从亚洲东部到西部是干草原到荒漠草原的逐步过渡。

按照联合国粮农组织公布的 2019 年数据标准，我国草原面积 2.88 亿 hm^2，居世界第一，处于第二至第四位的国家分别是美国、俄罗斯和加拿大（表 1-3）。

草原是我国面积最大的陆地生态系统，主要分布在北方干旱半干旱地区和青藏高原，生态区位十分重要。在北方干旱半干旱地区，草原是防沙止漠的前沿阵地，与森林构筑起我国北疆绿色万里长城。青藏高原地处地球第三极，草原是亚洲主要河流的发源地和水源涵养区，是我国西南边陲重要的生态安全屏障。从行政区看，我国各省份均有草原分布。我国草原面积较大的省份有 6 个，分别是西藏、内蒙古、新疆、青海、四川和甘肃。

表 1-3 2019 年全球主要国家和地区草原面积统计情况表

排名	国家	草原面积 （×10³hm²）	排名	国家	草原面积 （×10³hm²）
1	中国	288491.3	11	阿富汗	24677.6
2	美国	200952.9	12	南非	24361.4
3	俄罗斯	160741.5	13	苏丹	24189.5
4	加拿大	160353.3	14	马达加斯加	21840.5
5	澳大利亚	139535.8	15	巴基斯坦	19012.5
6	哈萨克斯坦	87859.0	16	墨西哥	18064.9
7	巴西	69631.0	17	委内瑞拉	18053.3
8	纳米比亚	39651.6	18	安哥拉	17154.5
9	蒙古	34097.1	19	哥伦比亚	16890.1
10	印度	25180.7	20	秘鲁	16574.7

我国有 268 个牧区、半牧区县（旗）。这 268 个县（旗）有草原面积 25571 万 hm²，约占全国第一次草地资源调查时草原面积的 65.10%，大多数分布在内蒙古、新疆、西藏、青海、四川、甘肃、宁夏、云南等 13 个省份的干旱半干旱、高寒高海拔及边疆少数民族地区（表 1-4）。

表 1-4 我国牧区、半牧区县（旗）草原统计情况表

地区	牧区、半牧区县（旗）			草原总面积 （万 hm²）
	合计（个）	牧区县（个）	半牧区县（个）	
全　国	268	108	160	25571.00
河　北	6	0	6	109.00
山　西	1	0	1	2.07
内蒙古	53	25	28	7004.67
辽　宁	6	0	6	62.93
吉　林	8	0	8	109.47
黑龙江	15	1	14	73.40
四　川	48	15	33	1638.67
云　南	3	0	3	101.27
西　藏	38	14	24	7756.20

地区	牧区、半牧区县（旗）			草原总面积（万 hm²）
	合计（个）	牧区县（个）	半牧区县（个）	
甘　肃	20	8	12	1272.67
青　海	30	26	4	3512.13
宁　夏	3	1	2	116.20
新　疆	37	18	19	3812.33

六、草原分区

草原分区是根据草原的发生学特点（类型、分布等）及功能特征，结合行政边界的划分，将一定范围内的草原资源进行分区，以实现合理利用、科学监管和有效保护。我国草原可划分为 5 个大区，即内蒙古高原草原区、东北华北平原山地丘陵草原区、青藏高原草原区、西北山地盆地草原区、南方山地丘陵草原区。

内蒙古高原草原区属于欧亚温性草原区的一部分，地处蒙古高原，位于我国北部和东北部地区，涉及内蒙古、宁夏、陕西、山西、河北、辽宁、吉林和黑龙江等 8 省份部分市县。该区是我国北方重要生态安全屏障，主体功能为防风固沙、土壤保持。分布有呼伦贝尔和锡林郭勒草原等天然牧场，是我国重要的畜牧业基地。

西北山地盆地草原区位于我国西北地区，涉及新疆全境及甘肃和内蒙古 2 省份部分市县。该区是我国西北部重要的生态屏障，主体功能是生物多样性保护、防风固沙和水源涵养，对于维护边疆稳定和生态安全具有十分重要的意义。

青藏高原草原区位于我国西南部的青藏高原，涉及西藏和青海 2 省份全境及甘肃、四川和云南 3 省份部分市县。该区是长江、黄河、澜沧江、雅鲁藏布江等大江大河的发源地，是我国水源涵养、补给和水土保持的核心区，也是生物多样性保护热点区域，主体功能是水源涵养、生物多样性保护和土壤保持。

东北华北平原山地丘陵草原区位于我国东北和华北地区，涉及河南、北京、天津和山东 4 省份全境及甘肃、宁夏、陕西、山西、河北、辽宁、吉林和黑龙江等8省份部分市县。该区主体功能是水源涵养、土壤保持和防风固沙，草原植被盖度较高、天然草原品质较好、产量较高，是草原畜牧业较为发达的地区，发展人工种草和草产品生产加工业潜力较大。

南方山地丘陵草原区位于我国南部地区，涉及上海、江苏、浙江、安徽、福建、江西、湖南、湖北、广东、广西、海南、重庆、贵州等13省份全境及四川和云南2省份部分市县。该区主体功能是水源涵养、土壤保持和生物多样性保护，水热资源丰富，草原植被生长期长，单位面积产草量较高，在防止丘陵地区山地石漠化、遏制水土流失方面发挥着重要作用。

七、草原生态变化

草原退化是指草原在干旱、风沙、水蚀、盐碱、内涝、地下水位变化等不利自然因素的影响下，或过度放牧与割草等不合理利用，或滥挖、滥割、樵采破坏草原植被，引起草原生态恶化，草原牧草生物产量降低、品质下降，草原利用性能降低，甚至失去利用价值的过程，包括草原沙化、盐渍化和石漠化。按退化程度分为重度、中度、轻度、未退化等。

长期以来，由于开垦、建设、开矿、过度放牧等人为的破坏和气候等自然的原因，造成草原植被盖度、产量、结构和土壤发生逆向变化，造成草原严重退化。与20世纪80年代相比，21世纪初期我国90%的草原处于不同程度的退化状态；党的十八大以来，国家加强了草原保护修复，初步遏制了草原退化的趋势，局部地区生态恢复明显，但草原生态脆弱的形势依然严峻，仍有70%的草原处于退化状态，恢复草原生态功能和生产力的任务仍然十分艰巨。

第二节 草原生态系统及其服务功能

一、草原生态系统内涵

随着生态学的发展，人们对草原的发生发展已经开始应用生态系统的观点。按照美国生态学家林德曼（R. L. Lindeman）的观点，生态系统中物种之间的依存关系是食物链关系，生态系统中物种之间的营养关系是生态金字塔的营养理论，草原生态系统典型地反映了生态系统中食物链和生态金字塔关系。例如，草原生产者—消费者—分解者的营养结构和能量流动的特点就反映了草原上各种生物之间以及生物群落与其无机环境之间，通过能量流动和物质循环而相互作用形成的一个统一体，这个统一体称为草原生态系统（Grassland Ecosystem）。

草原生态系统是以各种草本植物为主体的生物群落与草原生态系统及其环境构成的功能统一体。其环境成分包括太阳能、二氧化碳、氧气、氮气、矿物盐类以及其他元素和化合物，它们是生物赖以生存的物质和能量的源泉，并共同组成大气、水和土壤环境，成为生物活动的场所。

草原生态系统空间垂直结构通常分为三层：草本层、地面层和根层。草原生态系统跟森林生态系统一样复杂多样，有着完整的生态过程。草原的生产者为所有的绿色植物。它们通过叶绿素吸收太阳能进行光合作用，把从环境中摄取的无机物质合成为有机物质，并将太阳能转化为化学能贮存在有机物质中，为草原生物提供得以生存的食物。它们是有机物质的最初制造者，是自养者。草原的消费者是直接采食植物以获得能量的动物，如牛、马、羊、骆驼等家畜和野生蹄类食草动物，以及食草昆虫和啮齿类动物等，是初级消费者，被称为食草动物。此外，在草原生态系统中还有次级消费者，就是以捕捉食草动物为主要食物的食肉动物（如狐、狼、狮、虎、鹰等）。草原的分解者主要指细菌、真菌和一些原生动物。它们依靠分解动植物的排泄物和死亡的有机残体取得能量和营养物质，同时把复杂的有机物降解为简单的无机化合物或元素归还到环境中，被生产者有机体再次利用，所以它们又称为还原者有机体。分解者有机体广泛分布于生态系统中，时刻不停地促使自然界的物质发生循环。

我国的草原生态系统有多种类型。在北方草原区，草原生态系统所处地区的气候表现为典型的大陆性气候，降水量较少，年降水量一般都在250~450mm，而且变化幅度较大，蒸发量往往都超过降水量。另外，这些地区的晴朗天气多，太阳辐射总量较多。这种气候条件，使草原生态系统各组分的构成上表现出了一些与之适应的特点。例如，初级生产者的组成主体为草本植物，这些草本植物大多都具有适应干旱气候的构造，如叶片缩小，有蜡层和毛层，借以减少蒸腾，防止水分过度损耗。草原生态系统的大型消费者主要是野驴、黄羊等食草动物，小型种类有草原蝗虫和各类啮齿类动物，如田鼠、黄鼠、旱獭、鼠兔、鼢鼠和兔类等；食肉动物有狐狸、狼、鹰、隼和鹞等。我国还有一类重要而独特的草原生态系统，就是青藏高原的高寒草原生态系统。青藏高原的草原生态系统一般在海拔4000m以上，环境寒冷而潮湿，日照强烈，紫外线作用增强，其初级生产者大多为低矮丛生的草本植物，叶面积缩小，根系较浅，植株形成密丛。其消费者主要为牦牛、藏羊和野生食草动物，如藏羚羊、野驴、普氏羚羊等。

按照生态系统的观点，草原生态系统处于稳定发展的状态，物质循环和能量循环就处于一个正态的平衡，反之，当草原生态系统被破坏，系统的物质循环和信息交流就会不顺畅，甚至达到停滞或崩溃的状态。所以，草原各类管理利用和经济开发活动都必须按照草原生态系统平衡的原理进行，确保草原的可持续发展、永续利用。

草原生态系统不是孤立的存在，它与森林生态系统、湿地生态系统、荒漠生态系统等相互连接，形成有机统一的整体，共同完成一系列生态过程。陆地生态系统是由林、田、湖、草、沙等不同生态系统构成的复合体。山水林田湖草沙是相互依存、紧密联系的生命共同体。习近平总书记指出："要统筹山水林田湖草沙系统治理，实施好生态保护修复工程，加大生态系统保护力度，提升生态系统稳定性和可持续性。"统筹山水林田湖草沙系统治理，是习近平生态文明思想的重要内容，为正确处理人与自然关系，坚定不移走生态优先、绿色发展之路，建设美丽中国提供了科学指引。

二、草原生态系统的生态服务功能

生态系统服务（Ecosystem Service）是指生态系统为人类社会的生产、消费、流通、还原和调控活动提供的有形或无形的自然产品、环境资源和生态损益的能力。生态系统服务是客观存在的，是与生态过程紧密地结合在一起的，它们是自然生态系统的属性；生态系统中充满了各种生态过程，同时也产生了对人类的种种服务。人类的生存和社会的持续发展，都要依赖于生态系统服务。草原作为我国面积最大的陆地生态系统，提供了基础性的服务功能。

草原是重要的生态安全屏障和自然资源，具有水库、粮库、钱库、碳库等"四库"功能。在生态服务功能方面，草原发挥着保持水土、防风固沙、维护生物多样性的重要作用。

（一）保持水土

草本植物之所以具有水土保持功能，主要是由于其根系发达，而且主要都是直径≤1mm 的须根系。实验表明，直径≤1mm 的根系才具有强大的固结土壤、防止侵蚀的能力。另外，草本植物大量的地表茎叶的覆盖，可以减少降水对地表的冲刷。

完好的天然草原不仅具有截留降水的功能，而且比空旷裸地有更高的渗透性和保水能力，对涵养土壤中的水分有着重要意义。据测定，在相同的气候条件下，草地土壤含水量较裸地高出 90% 以上。草地抵御水蚀的能力体现在草地植被能有效削减雨滴对土壤的冲击破坏作用；促进降水入渗，阻挡和减少径流的产生；根系对土体有良好的穿插、缠绕、网络、固结作用，阻止土壤冲刷；增加土壤有机质，改良土壤的结构，提高草地抗蚀能力。

天然草地的牧草因其根系细小，且多分布于表土层，因而比裸露地、农田和森林有更高的渗透率。根据黄土高原水土流失区的测定资料，农田比草地的水土流失量高 40~100 倍；种草的坡地与不种草的坡地相比，地表径流量可减少 47%，冲刷量减少 77%；小麦、高粱、休耕地与原生草地的土壤侵蚀量对比研究表明，原生草地的土壤侵蚀量微不足道，而麦地的土壤侵蚀量达到近 1200kg/hm^2，高粱地上的土壤侵蚀量超过 2700kg/hm^2，休耕地的土壤侵蚀量也达到 1700kg/hm^2。可见，草地生态系统的水土保持功能是十分显著的。生长 2 年的草地拦截地表径流和含沙量的能力分别为 54% 和 70.3%，比生长 3~8 年的林地拦截地表径流和含沙能力高 58.8% 和 88.5%。

长江、黄河中上游流域面积 251.6 万 km^2，其中主要为天然草地植被所覆盖，据统计，草地面积达 110.2 万 km^2，占流域总面积的 43.79%。三江源国家级自然保护区天然草原植被状况的好坏，在很大程度上决定了长江、黄河流域水土流失的状况。正因为源头、上游、中游草原与林地的破坏，加剧了水土流失，长江、黄河的输沙量大大增加，这在一定程度上抬高了河床，最终导致泄洪能力大大降低。

案例 1-2　三江源草原

三江源位于青海省南部，河流密布，湖泊、沼泽众多，雪山冰川广布，是世界上海拔最高、湿地面积最大、河湖分布最集中的地区，湿地总面积达 7.33 万 km²，为长江、黄河、澜沧江的源头汇水区，被誉为"中华水塔"。其中，长江总水量的25%、黄河总水量的 49%、澜沧江总水量的 15% 都来源于此地区。大小湖泊 1800 余个，列入《中国重要湿地名录》的有星宿海、扎陵湖、鄂陵湖、星星海等。

三江源草原面积 21.12 万 km²，占三江源国家级自然保护区总面积的 63%，可利用草原面积 19.26 万 km²，占全区草原面积的 89%，主要分布着以嵩草属植物为优势种的高寒草甸和以针茅属、羊茅属植物为主的高寒草地。其中，高寒草甸草原面积约占总草原面积的 79%，其可利用面积占总草原面积的 60%。高寒草原面积约占总面积的 21%，可利用面积占总面积的 11%。

三江源草原野生动植物资源十分丰富、种类繁多，是世界珍稀动植物资源基因库，也是目前我国大型兽类种群数量最多的地区。据统计，三江源草原植物种类超过 2000 种，鱼类超过 50 种，昆虫类将近 500 种。最重要的是，三江源草原还保存着极具地区特色的珍稀动植物品种，其中绝大部分都是国家级珍稀物种。有繁殖鸟16 种、旅鸟 16 种、留鸟 3 种、冬候鸟 2 种。大型动物主要有藏羚羊、野牦牛、白唇鹿、雪豹、棕熊、岩羊、盘羊等。

2015 年，青海省开展了三江源国家公园体制试点。2021 年，三江源被正式批准为我国第一批五个国家公园之一，纳入生态红线，进行严格保护。

（二）防风固沙

草原防风固沙功能主要表现在防风蚀、固沙、防沙尘暴 3 个方面。

1. 防风蚀作用

草原的防风蚀作用表现在草原植被可以增加下垫面的粗糙程度，降低近地表风速，从而减少风蚀作用的强度。研究表明，当植被盖度为 30%~50%时，近地面风速可削弱 50%，地面输沙量仅相当于流沙地段的 1%。在我国北方农牧交错区，夏季当平均风速大于 5.5m/s 时，在裸地上就会发生土壤风蚀现象，而当植被盖度大于 17% 时，要产生风蚀现象，风速必须达到 8m/s 以上。研究人员对青海共和盆地干草原的研究表明，植被盖度 35% 的缓起伏草地和植被盖度 25% 左右的半固定沙丘处于轻度风蚀与堆积状态，而植被盖度为 10% 的半流动沙丘表面风蚀与堆积作用强烈。中国农业大学科研人员对河北坝上不同土壤覆盖类型及耕作措施的土壤风蚀情况进行了研究，结果表明，多年生人工草地土壤的风蚀程度最小，秋耕地的土壤风蚀情况最严重。

2. 固沙作用

草原的固沙作用与植被有关。草本植物是绿色植被的先锋，随着流动沙丘草本植被的生长，植被盖度逐渐增大，沙丘地形逐渐变缓、沙面变紧，地表形成薄的结皮，成土特征明显，沙丘逐渐由流动向半固定、固定状态演替，最终形成固定沙地，土壤表层有机质逐渐增加，物理、化学性质显著变化。在防治荒漠化的技术措施中，植物治沙是最有效的，在干旱、风沙、土地疲瘠等条件下，林木生长困难，而草本植物却较易生长，干旱区天然草原在其漫长的生物演化过程中已成为蒸腾少、耗水量少、适于干旱区生长的植被类型。在我国新疆沙漠中，草原形成的半固定和固定沙丘占 25.43%。草原植被抗风沙的作用表现在草原和荒漠植被低矮，每丛植株的背风面都能阻挡留下很多的流沙，能有效降低近地面的风沙流动。风沙地区的干旱草原植被能减少和避免土壤破碎和吹蚀，地面皮层形成能力就会逐渐增强，形成结皮，促进成土过程。

3. 防沙尘暴作用

草原防治沙尘暴的作用都与地理背景有关。沙尘暴产生沙源的地理背景都与草原和荒漠地区的环境破坏相联系。历史上，美国和俄罗斯发生黑风暴主要都是因为半干旱草原地区植被的破坏。美国 20 世纪 30 年代、苏联 20 世纪 60 年代初发生的黑风暴，以及我国近年来日益严重的沙尘暴，都是发生在干旱半干旱的草原与荒漠地区，而不是发生在降水丰富、气候湿润的森林区，也不是因为砍伐森林造成的。我国有 2 个沙尘暴多发区（西北、华北地区），主要集中在新疆南疆的塔克拉玛干沙漠及其周边地区、北疆的准噶尔盆地南沿，甘肃河西走廊，内蒙古干燥沙漠，青海柴达木盆地。对京津地区影响较大的主要是内蒙古中部和河北北部约 25 万 km² 的地区，它们的共同特点是土壤基质较粗，气候条件比较恶劣，年降水量 350mm 以下，自然植被主要是草原，自然条件严酷，再加上人类长期不合理利用，土地退化，土壤结构破坏严重，有机质降低，土壤沙化，极易引起沙尘暴。中国农业大学在河北坝上草原的研究表明，随着草原植被覆盖度的增加，风蚀模数下降，当植被盖度达 70% 时，只有 6 级强风才可引起风蚀。

（三）维护生物多样性

草原生态系统孕育着极其丰富的生物多样性，主要表现在生态系统的多样性和物种多样性。中国草原生态系统是欧亚大陆草原的重要组成部分，按照中国草原分类标准，中国各类草原和草地纵跨北热带、亚热带、暖温带、中温带和寒温带 5 个气候热量带，南北纬度相差 31°，东西横越经度 61°，年降水量从东部的 2000mm 向西逐渐减少至 50mm 以下，海拔从−100~8000m，分布有草甸类、草原类、荒漠类、灌草丛类和沼泽类草原，形成了丰富多彩的各类草原生态系统。

中国草原是最重要的动植物资源库，从温带草原到高寒草原、从草甸草原到荒漠草原，我国分布有地带性的针茅属植物物种 23 种 6 变种及其特有的伴生种。经全国草地资源调查，我国草地饲用植物 6700 余种，分属 5 个植物门 246 科 1545 属，约占我国植物总数的 25%，其中种子植物 4000 种、草原野生珍稀濒危物种 83 种、特有饲用植物 493 种。纳入《中国珍稀濒危植物保护名录》的 389 个亟待保护的物种中，草原植物有 29 科 51 种 3 变种，占全部名录保护的 13.9%。

我国草原拥有大量世界著名优质牧草的野生种和伴生种，我国新疆地区是世界苜蓿起源中心的组成部分和九大变异中心之一。猫尾草、无芒雀麦、鸭茅、红豆草、各类三叶草、百脉根等著名优良牧草在我国草原地区均有亲缘种和近缘种分布。禾本科牧草在我国草地饲用植物资源中，分布最广，参与度最高，饲用价值最大。据调查，我国天然草原约有禾本科牧草 210 属 1148 种，分别占我国禾本科植物属、种总数的 96.8% 和 88.6%。在我国天然草地上起优势作用的禾本科牧草 135 种，占天然草地优势饲用植物总数的 42.59%。此外，在草原植物中具有药用价值的种质资源达 6000 余种，可加工制作食品的物种近 2000 种。

草原上繁衍着野生动物 2000 余种，其中，40 余种属国家一级保护野生动物，30 余种属国家二级保护野生动物，此外还有 250 多个放牧家畜品种。

三、草原的经济功能

草原不仅具有重要的生态功能和价值，也是重要的生产资料和生活资料，在我国草原上生活着 5000 万人口，包括 1500 万少数民族，是各族农牧民生活的家园。草原又是全国人民向往的旅游胜地和特有经济发展的重要基地，草原的经济属性是草原保护建设和发展的重要内容之一。

（一）草原畜牧业

草原畜牧业是草原牧区的经济主体，其以草原牧场为核心和重要载体，是从事草地牧草生产、草食家畜放牧管理生产、畜产品加工与流通以及维系草原各族牧民世代生养繁衍、生活生产的一门产业。草地和生活在草地上的马、牛、羊、鹿、骆驼、牦牛和兔、鹅等草食畜禽是草地牧场主要的生产资料。草原畜牧业经历了历史长河的演变和进步，由原始的草原狩猎进化到"逐水草而行"的游牧形态再进化到当今的草原定居放牧。现代草原畜牧业和发达国家的草地畜牧业一样，是一个复杂的产业系统，具有明显的生态、生产功能，是草地农业的重要组成部分。现代草原畜牧业科技含量很高，将草种繁育、草地建设、饲草料生产、家畜改良、高效饲养、疫病控制、畜产品加工、畜产品经营、草地牧场观光旅游、牧场信息化和智能化管理等融于一体。

我国草原牧区面积 360 万 km^2，约占全国土地总面积的 37%。我国草原畜牧业生产主要分布在牧区和半农半牧区，按照草原畜牧业的国民经济生产比值，将草原畜牧业生产基地按照行政区域划分为牧业县和半农半牧业县。以草原为主要产业的牧业县 108 个，半农半牧县 160 个，共有人口 4784 万人，其中少数民族人口 1427 万，就业人口 2000 万以上，饲养了 2.4 亿只羊单位，生产牛肉 122 万 t、羊肉 120 万 t、羊毛 22 万 t、奶类 750 万 t。牧业县、半农半牧县人口只占全国人口的 3.6%，生产的肉类占全国 8.5%、奶类占全国 20%、羊毛占全国 50%、羊绒占全国 60%。草原畜牧业是草原地区无可替代的支柱产业。

按照行政区划，我国当前的主要草原牧区有 6 个，分别为内蒙古、新疆、西藏、青海、甘肃和四川牧区。其中，内蒙古、西藏、青海、新疆 4 个省份的牧区面积分别占各自土地总面积的 66%、81%、96% 和 50%，其所包含的牧业县占全国的 93%，半农半牧县占全国的 77%，草原畜牧业的经济产值可达到当地国民经济收入的 70%~90%。

（二）草原生态旅游业

草原旅游是利用草原景观美学价值产生经济效益的一项开发性活动，也是多途径、多方式开发利用草原的一种新兴产业。草原生态旅游则是遵照生态优先、环境友好的原则，利用草原独特的自然景观、独具特色的生态环境、丰富的人文积淀和相关的游乐设备设施，向旅游者提供的全方位服务。从旅游者的角度来说，草原生态旅游是以生态理念体验草原独特的自然、人文环境和进行以草原为依托的各种活动为目的的旅游经历。

我国具有丰富多样的草原旅游资源，多种类型的草原植被、地形地貌、山川湖泊、丘陵滩川、草地荒原、植物花卉、野生动物、家畜家禽、民俗风情、民族活动、文化活动等都是草原生态旅游的综合要素，是吸引各方游客的资源基础。

草原旅游业被誉为"朝阳产业"和"绿色产业"。已经规划的草原旅游区有我国著名的十大传统草原区，包括呼伦贝尔草原、锡林郭勒草原、鄂尔多斯草原、甘南玛曲草原、伊犁草原、巴音布鲁克草原、祁连山草原、羌塘草原、川西草原、环湖草原。此外，我国还在不断开发新的草原旅游区，如藏北草原、三江源草原、科尔沁草原、乌兰察布草原、坝上草原区、金银滩草原、巴里坤草原、马兰花大草原、花坡草原、南山草原等。这些草原景区包含了从亚热带、温带到高寒地区的草原，有草甸、有草原、有荒漠。各种不同类型的草原，由不同的植物组成，表现不同的结构，呈现不同的景观，多样性十分丰富，并以其辽阔、美丽、多彩而为人们所称赞。

（三）草原特色产业

草原特色产业就是以草原特有的资源、文化、环境优势，发展形成的具有草原特色和市场竞争力的产业。利用草原植物资源开发具有草原特色的产业是草原经济开发利用的新趋势。我国草原植物共计约 1.5 万种，分属 260 余科，具有重要经济开发价值的不下于 2000 种。按《中国草地资源》对草地经济植物分类，可分为饲用、食用、工用、境用、药用以及种质资源用六大类植物资源。这种特殊类型和经济用途的功能性草本植物、半灌木和灌木植物统称为功能草，包括能源用草、药用保健类用草、工业类用草、食用类用草等。草产品的用途已延伸至食品、服装、医药、环保建材等多个领域。

据初步统计，利用上述不同草原经济类群开发加工的产品主要有：

第一类，宠物类饲草加工产品。包括宠物专用草颗粒、草块，主要用于饲喂宠物猫、宠物兔、貂龟、赛马、羊驼、鹿、宠物猪等，利用苜蓿草、小麦草、大麦草等生产多个品种类型的宠物草，同时调制出不同口味适合宠物市场的个性需求。每年可以向市场提供宠物饲草产品和赛马饲草产品 20 万 t以上。

第二类，食用类草产品。利用各类不同牧草含有丰富的植物蛋白、膳食纤维、活性多糖、皂苷、黄酮、维生素 E 等活性成分，通过提炼加工，制作具有提高机体防御功能、调节生理节律、预防疾病和促进康复功能的新兴保健食品或原料。例如，以南苜蓿为原材料，可加工制作神奇草头、苜蓿青汁等深加工草产品，其种植面积已达 0.67 万 hm^2，每年可提供鲜草 3 万 t，腌渍产品 150 万 kg，产值 1.95 亿元。

第三类，药用类草产品。我国草原上具有保健功能的草原植物主要集中于豆科、麻黄科、龙胆科、毛茛科、唇形科、伞形科、百合科等，具有种类多、分布广、藏量大等特点。例如，岷山红三叶富含异黄酮，国内企业采用国内外先进技术，成功提取红三叶异黄酮，约为大豆异黄酮含量的 10 倍，40% 红三叶草总异黄酮售价可达 4000 元/kg。草原传统的藏药、蒙药与维吾尔医药一样同属生物药、天然药范畴。我国野生动植物资源种类丰富，如经查明在西藏生长的高等植物就有 6800 多种，其中药用植物 1000 多种，藏药年创产值逾 3 亿元。

第四类，工用类草产品。包括工用香草与香料产业、能源草产业等已开发利用的香草有：薰衣草、迷迭香、藿香、荆芥、鼠尾草、薄荷、牛至、罗勒等。中国有 400 多种香料植物，目前已生产的天然香料有 120 多种。加工产品主要有天然香料提取物（内脂类、酮类、醛类、醚类等）、食品、香精、香料、精油等。香草产品加工企业分布于 7 个省份，新疆地区薰衣草等香草种植面积近 6666.67hm^2，是国内最大的芳香产业化基地。

第三节　草原"四库"作用

2022 年 3 月 30 日，习近平总书记在参加首都义务植树活动时指出，森林是水库、钱库、粮库，现在应该再加上一个"碳库"。森林和草原对国家生态安全具有基础性、战略性作用，林草兴则生态兴。这一论述形象地阐释了森林和草原在保障国家生态安全和经济社会可持续发展中的重要地位和作用。草原是我国面积最大的陆地生态系统，和森林一样，也具有重要的水库、钱库、粮库、碳库功能，是绿水青山和金山银山的主要载体。

草原资源是世界上绿色植物资源中覆盖面积最大、数量最多、更新速度最快的一种再生性自然资源，草原和优良的牧草被草原学家誉为"绿色黄金"。草原，如同大地的绿被，覆盖着地球上许多不能生长森林和农作物的广大环境严酷的地区，从沙漠戈壁到极地冰雪、从山地森林到北极冻原、从盐滩碱地到荒芜高原，草原作为地球的"衣被"和"皮肤"，忠诚地保护着神圣的大地，草原具有的涵养水源、防风固沙、保持水土、净化空气以及维护生物多样性的重要生态功能，是全球可持续发展的重要保证。

案例 1-3　锡林郭勒草原

锡林郭勒草原位于内蒙古自治区中部偏东，北与蒙古接壤，南邻河北省，东与赤峰市、通辽市、兴安盟相接，西与乌兰察布市交界。它是我国北方最具代表性的温性典型草原区，其典型草原面积达 11.33 万 km^2，占北方温性典型草原面积的46.53%。锡林郭勒草原不仅有温性典型草原，还有草甸草原、荒漠草原、温性稀树草原和其他草地类型。

锡林郭勒草原拥有丰富的自然资源，是内蒙古主要的天然牧场，是华北地区重要的生态屏障，对维护国家生态安全发挥着重要作用。境内的锡林郭勒国家级草原自然保护区已被联合国教科文组织纳入国际生物圈监测体系。该保护区面积5800km²，主要保护对象为草甸草原、典型草原、沙地疏林草原和河谷湿地生态系统，对野生动物、植物、菌类的多样性，对濒危物种，实行特殊保护。

锡林郭勒草原是我国重要的畜产品基地。主要畜种中地方优良品种有乌珠穆沁羊、苏尼特羊、乌珠穆沁白山羊和苏尼特双峰驼、乌珠穆沁马。培育新品种有内蒙古细毛羊、内蒙古绒山羊、草原红牛、锡林郭勒马；引进品种有黑白花奶牛、西门塔尔肉牛等。

成吉思汗之孙忽必烈，在锡林郭勒草原上继承帝位，建立大元帝国，并在锡林郭勒草原上建筑了著名的元上都。历史上的锡林郭勒大草原由五个部落组成，由东向西分别为乌珠穆沁、浩济特、阿巴哈纳尔、阿巴嘎和苏尼特。1958年，锡林郭勒盟和察哈尔盟合并成锡林郭勒盟，察哈尔部落也融入锡林郭勒草原。察哈尔部落是从成吉思汗开始的黄金家族蒙古大汗的住帐部落，阿巴嘎部落是成吉思汗的弟弟别里古台的后裔。他们至今仍然完整地保留着草原游牧文化与风俗习惯。

一、草原是名副其实的水库

我国天然草原主要分布在东北平原以西，以及沿内蒙古高原、经黄土高原至青藏高原东缘一线以西的广大干旱、半干旱和高寒地区。这个绵延4500km的绿色自然保护带，是我国构筑的生态安全战略"两屏三带"的主体部分，是中国大陆乃至许多亚洲国家很重要的生态屏障，是名副其实的水塔。我国的重要江河发源于草原地区，如黄河、长江、珠江等河流，黄河水量的80%，长江水量的30%，东北河流一半以上的水量直接源自草原。草原不仅是众多江河的发源地和水源涵养区，还孕育了数以千计的湖泊和冰川。

草原具有强大的水土保持功能。草原植物抗逆性强，能适应恶劣的生态环境，是恢复植被、改善生态环境的先锋物种，是保持水土的"卫士"。草原植被贴地面生长，可以很好地覆盖地面，能够有效阻截降水，减少地面径流和水分蒸发，在防止水土流失和土地荒漠化方面有着不可替代的作用。草原植物根系发达，纵横交错，形成紧密的根网，能够显著提高土壤渗透率，防止土壤水蚀和风蚀，减少土壤有机质流失。研究表明，植被稀疏的地区在地表径流的冲刷下，会出现风蚀、水蚀，不仅能带走土壤中的有机质和各类营养物质，而且对生态平衡破坏极大。草地比裸地的含水量高 20% 以上，在大雨状态下草原可减少地表径流量 47%~60%，减少泥土冲刷量 75%。此外，草原植被枯落物经微生物分解后，不仅能够显著提高土壤有机质含量，还能有效改善土壤结构，提高土壤层水分渗透性能，提高土壤持水能力。

草原是众多大江大河的发源地和水源涵养区。青藏高原是世界屋脊，被誉为"亚洲水塔"。青藏高寒草原区是世界上河流发育最多的区域，长江、黄河、澜沧江等河流大都发源于此。青藏高原水源涵养生态系统以高寒草甸为主，约占高原面积的 60%。长江、黄河上中游流域面积 251.6 万 km²，主要为天然草原植被覆盖，草原面积 110.2 万 km²，占流域总面积的 43.79%。据测算，青藏高原水资源量约为 5.7 万亿 m³，占全国水资源总量的 20%，是保障我国乃至东南亚国家水资源安全的重要战略基地。祁连山地处青藏、黄土两大高原和蒙新荒漠的交界处，丰富的草原资源孕育了黄河水系的庄浪河与大通河，以及石羊河、黑河、疏勒河三大内陆河。据统计，发源于祁连山地的大小河流有 58 条。内蒙古东部草原区河流湖泊众多，是松花江、嫩江、额尔古纳河等河流重要的水源涵养区，仅呼伦贝尔境内就有大小河流 3000 多条，其中流域面积在 100km² 以上的河流就有 550 条，是我国东北、华北地区重要的水源上游地，对我国北方水生态安全有着重要影响。东北边陲，黑龙江、松花江和乌苏里江分别从北、东、西蜿蜒而来，造就了三江平原，孕育了松嫩羊草草原，这里有大小河流 57 条，分属黑龙江和乌苏里江两大水系。

草原孕育了众多湖泊和冰川。青藏高寒草原区分布着数量最多的高原内陆湖群，湖泊星罗棋布，总面积达 3 万多 km²，约占全国湖泊总面积的 46%。仅西藏境内的湖泊总面积就超过 2.4 万 km²，约占全国湖泊总面积的 30%。内蒙古东部草原区分布着 500 多个湖泊，东北松嫩羊草草原上的湖泊也多达 204 个。这些湖泊与河流血脉相连，与草原相依相伴，共同维护着祖国北疆的水安全，为东北大粮仓提供了生态安全屏障。我国冰川储量约为 5590 亿 m³，年平均冰川融水量为 563 亿 m³，其中 90% 以上的冰川分布在草原地区。祁连山地区现有大小冰川 2859 条，总面积达 1972.5km²，储水量 811.2 亿 m³，多年平均冰川融水量高达 10 亿 m³。

二、草原是货真价实的粮库

树立大食物观，在确保粮食供给的同时，保障肉类、蔬菜、水果、水产品等各类食物有效供给，更好满足人民美好生活需要。从粮食安全到食物安全，在确保粮食安全的基础上，也要全方位多途径开发食物资源。草原对保障食物安全也具有十分重要的作用。

草原是草食畜产品的重要生产基地。近年来，随着经济社会的发展和生活水平的提高，我国居民的膳食结构发生了巨大变化，主要表现为人均口粮消费逐渐减少，肉蛋奶等畜禽产品消费逐渐增加。2017 年，我国居民人均口粮消费比 1981 年下降了 44.6%，而肉蛋奶等动物性食品的消费量比 1981 年增加了 5.3 倍。同时，在动物性食品中，猪肉消费比例呈持续下降趋势，而牛肉、羊肉等草食畜产品消费比例不断提高。据农业农村部统计，2020 年全国人均猪肉消费比例为 52.6%，比 2016 年的 62.8% 下降了 10.2 个百分点；牛羊肉人均消费量从 2016 年的 13.0% 增加到 2020 年 16.3%，提高了 3.3 个百分点。由此可见，草食畜产品在居民食物结构中的比重不断提高，在保障食物安全中发挥着越来越重要的作用。

随着我国居民膳食结构的改变，口粮消费占粮食总产量的比例逐渐减少，而饲料粮消耗则逐年增加，保障粮食安全的压力更多是保障饲料粮安全的压力。据预测，到 2030 年我国大米、小麦的自给率分别为 99% 和 98%，虽然玉米产量到 2030 年将大幅增加，但玉米和大豆的供需缺口将进一步扩大。在饲料粮缺口变大的情况下，饲料进口量大增。2021 年，我国进口大豆 1 亿 t，进口干草 199.24 万 t。

草原是我国草食畜产品的重要生产基地。《中国畜牧业年鉴》显示，我国牧区、半牧区县牛羊肉供给量占全国的比例大幅增加：2020 年，我国牧区、半牧区牛存栏量占全国牛存栏量 50%，比 1998 年提高了 32.8 个百分点；牛出栏量占全国牛出栏量 26.4%，比 1998 年提高了 12.5 个百分点；牛肉产量占全国牛肉产量 39%，比 1998 年提高了 27.5 个百分点。2020 年，我国牧区、半牧区羊存栏量占全国羊存栏量 38.1%，比 1998 年提高了 10.8 个百分点；羊出栏量占全国羊出栏量 30.4%，比 1998 年提高了 2.1 个百分点；羊肉产量占全国羊肉产量 35.1%，比 1998 年提高了 13.9 个百分点。2020 年，我国牧区、半牧区提供的奶产品产量占全国的 20% 左右。

草原牧区提供的畜牧产品为满足我国畜产品需求增长发挥着越来越重要的作用。加强草原保护修复，提高草原生产力，提供更多优质牧草，促进草食畜牧业持续健康发展，对减少饲料和牛羊肉进口依赖、更好保障国家食物安全意义重大。

发展农区草业有利于保障食物安全。我国传统农业以收获作物籽实为目的，农作物必须完成整个生育期，在生产中受气候、地域、季节差异影响较大。而牧草生产则以收获营养体为目的，不需要籽粒成熟，不需要完整生育期，能够更充分利用气候和土地资源，生产出更多的有机质产品。

从饲料利用的角度来看，如果以单位面积营养物质产量核算，同样气候条件下，全株青贮玉米的营养物质收获量是单纯玉米籽实的 1.5~2 倍。据测算，如果利用全国 10% 的中低产田种植优质高产牧草，可增收牧草干物质 8750 万 t；如果利用我国农闲田的 10% 新增用于种植高产优质牧草，可增收牧草干物质 956 万 t；如果在 10% 的疏林地、茶园地、果园地中种植高产优质牧草，可增收牧草干物质 724 万 t。以上三项合计可增收牧草干物质约 1 亿 t。按照平均 10kg 牧草干物质转化为 1kg 牛羊肉计算，可增加生产约 1000 万 t 牛羊肉。

我国草原是重要农作物和栽培牧草野生近缘种的基因库。目前，人类栽培的作物有 2300 余种，栽培作物均起源于野生植物，其中粮食作物大多来源于草原野生植物。我国草原上分布的植物种类多样，其中许多植物是小麦、水稻等农作物的野生近缘种。这些野生近缘种普遍具有抗旱、耐寒、耐瘠薄、抗虫、抗病等优良抗逆基因。有效保护和充分挖掘这些优良基因，用于改良和培育农作物新品种，有利于保障国家粮食安全。

草业赋予粮食以新的观念，"藏粮于草"成为我国粮食安全战略的重要措施之一。发展草业，生产动物性食物，可以开拓食物资源，缓解对粮食的依赖程度。以我国天然草原和人工草地为基础的草业，创造了相当于 6400 万 hm² 耕地生产的食物当量，加上原有的 10670 万 hm² 作物耕地，可生产食物当量 11.52 亿 t。不仅可以圆满解决口粮、饲料用粮和工业用粮，而且通过调节食物和营养结构，还可有较多的粮食和绿色肉奶产品投入世界贸易。从"藏粮于草"的观念出发，我国现有的 962 万 hm² 人工草地还是潜在的耕地调节库，当发生粮食紧缺状况时，可以立即将草地流转成肥沃的农田，生产粮食类的植物性食物；在粮食充裕时，农田种草，发展畜牧业，生产肉奶类的动物性食物，并恢复地力。面对人口、粮食和畜牧业发展的矛盾，发展草业是中国国情下的新出路。在积极发展粮食生产的同时，注重草地资源的开发利用，建立草地农业生产系统，使草业成为粮食安全、食物安全的新保证。

三、草原是当之无愧的钱库

草原作为我国重要的生态系统类型，是生态、生产、生活"三生"空间的集合体，是绿水青山与金山银山合二为一的有机体，具有把绿水青山转化为金山银山的天然优势。草原资源的生态服务价值、经济价值、社会价值和文化价值都可以换算成"钱"，彰显金山银山的"钱库"作用。

草原生态服务提供了间接的经济价值。草原是以多年生草本植物为主要生产者的陆地自然生态系统，能够提供多样的、高价值的生态产品，可换算为巨大的经济价值。首先，草原植物作为生态系统的初级生产者，通过光合作用，将太阳能和无机物转化为有机物，提供初级产品供食草动物消费，对维持生态系统物质循环和能量流动、维护生态系统良性循环发挥着基础性作用。2021年，全国天然草原鲜草总产量近6亿t，折合干草1.9亿t。内蒙古锡林郭勒盟天然打草场产草量18万t，按照每吨1000元计算，天然草原打草价值可达1.8亿元。其次，草原能够保障水土安全。草原是黄河、长江、澜沧江、怒江、雅鲁藏布江等江河的发源地和水源涵养区，能够对降水进行截留、吸收、贮存和净化，减少地表径流和水分蒸发，对维护国家水安全发挥着重要作用。草原植物贴地面生长，根系发达，根冠较大，根部生物量一般是地上生物量的几倍乃至几十倍。草原植物根系及枯落物不仅能够显著增加土壤有机质，改善土壤结构，提高土壤肥力，还能有效减少土壤水蚀和风蚀，对土壤发挥着重要的保护作用。最后，草原能够改善环境质量。草原植被通过蒸腾作用、光合作用等，改变草原和大气间水分和能量交换，将植物体内水分转变为水蒸气散失到周边大气，发挥着降低局地温度、增加空气相对湿度的重要作用。草原植被通过释放氧气和负氧离子，以及阻挡、过滤、吸附、滞留空气中悬浮颗粒物，发挥着净化、优化空气质量的作用。据李建东和方精云主编的《中国草原的生态功能研究》，草原在提供初级生产、碳蓄积、气候条件、水源涵养、防风固沙、养分固持、环境净化、生物多样性保护等方面都具有强大的生态服务功能。据估算，我国的草原生态系统每年提供的总价值达到 1497.9 亿美元，折合人民币 12387.63 亿元。其中，生态价值占 79.99%，生态价值远高于经济价值。据云南省林业和草原科学院核算，云南省草原生态系统生态效益总价值为每年 4979.58 亿元，相当于 2019 年全省 GDP 的 21.44%。

草原具有直接的经济价值。草原资源是具有多功能性的可再生自然资源，其经济价值体现在草原畜牧业、野生动植物、草原生态旅游、能源资源等方面。首先，提供草牧业产品。牲畜采食饲草，将草转化为畜产品，供人类消费利用，农牧民通过饲养牲畜获取生活资料和经济收入。我国六大牧区牧业产值占农业总产值的 50% 左右，草原牧区的牛肉、羊肉、牛奶等总产量占比较高，羊毛、羊绒产量占全国总产量的 60% 以上。据测算，我国草原单位面积畜产品产值为每公顷 770 元，全国近 40 亿亩草地每年畜牧业产值可达 2000 多亿元。目前，我国草原单位面积畜产品产值仍然较低，仅相当于美国的 1/4，澳大利亚的 1/6 和新西兰的 1/8。但通过加强草原保护修复，我国草原在提高畜牧业生产价值方面存在巨大潜力。其次，草原提供了具有经济价值的植物和动物资源。我国草原植物资源丰富。据不完全统计，草原植物有 254 科 4000 多属 1.5 万种左右，包括饲用植物、药用植物、沙生植物、芳香植物、观赏植物等。我国天然草原上分布的药用植物近千种，代表药材有甘草、黄芪、防风、柴胡等。在自然界，冬虫夏草、雪莲等只能在草原上生长。2021 年，青海省冬虫夏草总产值达 201.6 亿元，从事虫草采挖直接从业人员 10 万人，采挖期人均工资 1.1 万元左右，实现劳动收益 120.1 亿元，受益农牧民近 216.5 万人，人均年增收 5000 元左右。饲用植物是草原植物资源的主体，我国有饲用植物 6704 种。丰富的饲用植物资源为发展草原畜牧业奠定了重要的物质基础，也为野生动物生存繁衍提供了食物来源。草原还提供了多种珍稀的芳香材料。目前已被开发应用的草本芳香植物有艾蒿、百里香、薰衣草、薄荷等。草原还有很多观赏价值高的植物，比如金莲花、龙胆、杜鹃花等。此外，我国草原地区矿产种类繁多，能源资源十分丰富，包括化石能源、风能、太阳能和生物质能源。化石能源主要以煤、石油、天然气等为主。草原煤油气资源主要分布在陕西、内蒙古和新疆北部等煤炭富集区。草原地区石油资源量占全国可开采石油资源量三成左右。草原上的风能和太阳能资源极为丰富，具有无污染、可再生、分布广的特点。我国草原地区的风能资源占全国风能资源的 50% 以上。西藏、青海、新疆、甘肃、宁夏等广大草原地区日照充足，属太阳能资源最丰富的地区。

草原具有不可或缺的社会价值。草原是人类农业文明的起源地，也是人类文明的发祥地。我国草原主要分布在边疆少数民族地区，是众多少数民族群众生存繁衍最基本的生产资料和世代生活的家园。我国 1.25 亿少数民族人口中，有 70% 以上集中生活在草原区。长期以来，草原牧区经济社会发展相对滞后，是深度贫困人口的集中分布区，也是脱贫攻坚的重点和难点地区，草原牧区人均收入与农区人均收入差距不断扩大。党的十八大以来，国家不断加大草原保护修复力度，大力发展草原牧区基础设施建设，特别是实施草原生态保护补助奖励的惠牧政策，极大改善了草原牧区生产生活条件，增加了农牧民收入，实现了全面脱贫目标，为维护边疆和谐稳定、增进民族团结发挥了重要作用。

草原具有独特的生态文化价值。我国草原分布广泛，从东到西横跨几千公里，从南到北跨越热带、亚热带、温带、高原寒带等自然地带，形成了千姿百态的草原类型、草原景观。千百年来，生活在草原上的蒙古族、藏族、哈萨克族等草原民族都形成了各自世代延续的草原民俗文化。这些草原文化在与农耕文化碰撞、交汇和融合过程中形成了中华文化。悠扬的草原歌曲、优美的草原舞蹈、独特的民风民俗都是人民群众喜闻乐见的草原文化表现形式，敬畏自然、尊重自然、顺应自然、保护自然的理念也是草原文化的突出特点，草原生态旅游已成为全国旅游观光业发展的新增长点。

草原兴，则林草兴；林草兴，则生态兴。加强草原保护修复，提升草原资源的数量和质量，守住了绿水青山，也就守住了金山银山。

四、草原是名不虚传的碳库

草原是我国仅次于森林的第二大碳库。草原作为广泛分布的生态系统，通过光合作用吸收大气中的二氧化碳，将二氧化碳储藏在生态系统内，对于调节大气成分具有重要作用，对全球气候变化也具有重要影响。草原生态系统碳库主要包括植被碳库和土壤碳库两部分。草原的碳蓄积主要分布在土壤碳库，土壤一旦遭到破坏，其储存的大量碳将重新回到大气中，加剧温室效应和全球变暖。

自 20 世纪 90 年代以来，国内专家学者利用不同方法对我国草原的生物量碳库和土壤碳密度进行了估算，其中草原植被碳储量在 10.0 亿~33.2 亿 t，草原土壤碳储量在 282 亿~563 亿 t。据测算，我国草原碳总储量占我国陆地生态系统的 16.7%，我国的草原生态系统碳储量占世界草原生态系统的 8% 左右。典型草原和草甸蓄积了全国草原有机碳的 2/3。我国草原碳汇潜力巨大，合理的草原政策和科学的草原保护修复措施能够显著提高草原增汇减排功能，在完成碳达峰和碳中和目标中发挥重要作用。

草原的碳汇功能主要集中在土壤层中，土壤碳库约占草原生态系统碳库总量的 90% 以上。我国高寒草甸和高寒草原面积较大，但由于受高寒和干旱气候条件制约，植被碳密度较低，但土壤碳储量巨大，对全国总生物量碳储量的贡献最大。沼泽草原、山地草原和亚热带–热带草丛由于优越的生长条件，地上部分生物量碳密度最大，但由于面积较小而总储量并不大。地下根系生物量碳储量与地上部分具有趋同性，沼泽草原、山地草原和亚热带–热带草丛的根系生物量碳储量较高。高寒草甸和亚热带–热带草丛碳储量对全国草原生物量碳储量贡献最大。

综合比较来看，草原固碳更为稳定、成本更低，草原固碳的成本是森林固碳的 44%。从经济效益上来讲，草原的碳库功能更节约成本，良性循环的草原生态系统可以增加碳储量，带来更大的固碳效果，发挥更有效的碳汇功能。由于过度放牧等不合理的开发利用和气候变化等因素的影响，我国 70%的天然草原发生了不同程度的退化。对于增汇而言，退化草原恢复具有极大的碳汇潜力和碳汇价值。

优化草原管理方式是增强碳汇功能最有效的方法，具体措施主要包括降低放牧压力、围栏封育和人工种草等。2000 年以来，我国开展了一系列草原生态修复工程项目，通过实施重点生态工程和草原保护建设工程，大幅提升草原固碳能力。我国从 2011 年起建立了草原生态保护补助奖励机制，以禁牧和草畜平衡政策为主要内容，目的在于降低放牧强度，恢复草原生产力，发挥生态功能。

据估算，目前通过每年实施人工种草、草原改良等生态修复任务 4600 万亩左右，落实 38 亿亩草原禁牧和草畜平衡，我国草原每年固碳能力可达 1 亿 t。随着国家不断加大对草原生态修复的投入力度，草原固碳能力还将保持较长时间，为我国实现双碳目标作出新的贡献。

第四节　草原文化

中国自古以来就形成了丰富的生态智慧和文化传统。尊重自然、热爱自然是中华民族数千年生生不息、繁衍不绝的重要原因，倡导"天地与我并生，而万物与我为一"的"天人合一"思想是中华文明的鲜明特色和独特标识。

草原兼具生产、生态与文化的多重功能。草原文化是由世代生息在草原上的先民、部落、民族共同创造的一种与草原自然生态相适应的文化。这种文化包括人们的生产方式、生活方式以及与之适应的民族习惯、思想观念、宗教信仰与文学艺术等。草原文化是草原生态环境的产物，中国北方草原属于亚欧大陆草原的组成部分，这里自旧石器时代以来就有人类活动遗迹。根据对旧石器、新石器和青铜器时代的大量考古发掘可知，草原先民创造的文化和黄河文化、长江文化并列为中华文化的三大源头。草原文化以生态文化为核心，包括民族文化、游牧文化等多重形态，是中华多元文化的重要组成部分。

从中华民族的历史形成和文化史发展来看，农耕文化与草原文化的碰撞和融合构筑了中华文化共同体的根基。居住在黄河和长江流域的农耕民族生存的生态环境相对于草原的生态环境更具生存优势，定居稳定的生活和财富的积累对于草原游牧民族有很大的吸引力和推动力，因为草原民族具有移动性的特征而使得两者始终处于政治、经济、文化、宗教、习俗等诸多方面的互动与交融之中。在中国历史上，北方草原民族与中原民族在中原建立了政权——北魏、辽、元、清，其间中华民族经过了更多民族的融合和凝聚。中华文化共同体是中华民族立于世界的根基，中华文化以其具有特色的文化象征、文化精神和文化哲学而耀于世界。考古学家苏秉琦在谈及中国文化根脉时说："超百万年的文化根系，上万年的文明起步，五千年的古国，两千年的中华一统实体，这是我们的基本国情。"中华民族的形成是一个不断累积、凝聚的动态文化历程。

一、生态文化

草原生态文化是崇尚自然的文化，是敬畏自然、保护草原、尊重生命、珍爱生命、师法自然、顺应自然、维护自然的文化，是人与自然和谐统一，人与其他生物及人与人共存共荣。生态文明与其他文明相得益彰，是草原生态、经济、社会协调持续发展的文化。草原文化作为一种以尊尚自然为特征的生态型文化，从生活方式和生产方式，从精神领域到生存过程，都同天地自然息息相关、融为一体；而和谐共处作为一般的行为准则和价值尺度，在此基础上升华为对大自然的保护、珍爱、虔诚和敬畏。

草原生态文化对草原的保护主要表现在以下几个方面。

第一，保护草原的一草一木。在传统的草原生活中，保护草原、保护猎场，保护其内的一草一木、山川河流，是每一个草原民族的神圣使命。保护草原是游牧民族的天性，"逐水草而居"的游牧生活是草原先民合理利用和保护草原的最好例证。游牧民族保护草原的主要规定有："禁锄草开荒""严禁草原荒火，禁止灰烬上溺尿""禁止过牧"等。至今，在草原上也是不许挖野菜和随便挖坑的。成吉思汗《大札撒》指出："不得损坏土城、严禁破坏草场；失火、放火者，全家问斩。"禁止草原荒火是律法中都有的，几乎每一部法律都有详尽的规定，并有严格的处罚措施。如《喀尔喀法典》的相关规定："失放草原荒火者，罚一五；发现并举报者，吃一五。荒火致死人命，以人命案惩处。"《卫拉特法典》中规定："因报复而放草原荒火者，以大法处理。"

第二，草原环境保护意识。草原民族以法律、风俗和禁忌的形式，对狩猎资源、狩猎区域、狩猎时节有严格的规定。例如，辽代帝王的狩猎时间表，严格规定了正月到十月的狩猎内容，绝不"竭泽而渔"。例如，在草原上，牧人、草本植被、牲畜的肉奶及其粪便（牧民烧牛粪）构成一个物质、能量循环的环保链条。在草原游牧过程中，严格管理生活垃圾，不允许在草原上乱扔，当离开营地时，要将垃圾掩埋起来，用带有草根的草皮覆盖在上面，既有助于牧草的再生，也利于垃圾的腐烂。

第三，草原资源保护与持续利用意识。猎人不伤害正在交配、哺乳、孵蛋的动物，在狩猎时避免杀掉母兽。对草原水资源利用形成了一定的风俗和禁忌，如禁止徒手汲水，汲水时必须使用器皿；禁止洗涤、洗脏衣裳；禁止白昼入水洗澡，不在河流源头居住放牧。在林地资源上，也规定，从库伦（蒙古首都乌兰巴托曾用名）边界到能分辨牲畜毛色的两倍之地内的活树不得砍伐，如砍伐，没收其全部财产，不许从砍伐的树林中寻求好处。

第四，回报自然的意识。人们在向自然索取的同时，感恩自然并回报自然。草原的情怀把天地与万物的关系比作"父—母—子"的血肉关系，把人类与其他生物之间的关系比作是天父地母所生的"兄弟姐妹"关系。在蒙古族早期的萨满教中，将大树比作生命，把大自然比作地脐，人类都是大地母亲的子女，均是与大地脐带相连的兄弟姐妹，深刻表达了人与草原万物一体的生态文化观。

草原生态文化观影响着今天的草原生态状况。一方面，它成为草原经济新的生态型增长点；另一方面，草原文化特有的生态意识成为引导草原经济社会良性发展的精神引导力。草原地区许多企业在发展过程中都自觉不自觉地举起了生态的旗帜。广大草原居民对于生态保护和治理有着高度的情感认同，这种情感认同与生态文明观是一致的，体现了人们对美好生活、美丽中国的向往。

二、民族文化

我国草原集中分布于西藏、内蒙古、新疆、青海、四川、甘肃等省份。生活在青藏高原的藏族与生活在蒙新高原的蒙古族、哈萨克族等游牧民族共同创造了灿烂多姿的中华民族游牧文化。按草原类型、游牧方式、民族文化等的不同，又可分为蒙古高原草原民族文化区、青藏高原草原民族文化区和西北内陆草原民族文化区三大版块。

（一）蒙古高原草原民族文化区

蒙古高原历来就是我国主要的草原畜牧业地区，生长有羊草、羊茅、冰草等多种禾本科和豆科优良牧草，培育了牛、马、山羊、绵羊、骆驼五畜为主的家畜。游牧技术发达，可通过家畜配比来提高草场利用率；缺乏高大山体，则依靠长距离的迁徙来追寻食物与躲避自然灾害；生产组织多以部落为基本单位，各有分工。因没有阻隔交通与交流的自然屏障，游牧部族常可在这块大草原上建立类似农耕政权的有效管理组织，如秦汉时期的匈奴、隋唐时期的突厥、南北朝时期的鲜卑和柔然、宋金时期的蒙古、明朝时期的北元等。

（二）青藏高原草原民族文化区

青藏高原海拔高，气候寒冷潮湿，牧草生长期短。生活在这里的藏族牧民在严酷的自然条件下从事畜牧业生产活动，并培育出了适应高原环境的专一型藏系家畜，如牦牛、藏马、藏羊、藏猪、犏牛和藏獒等。畜种分布出现地域化、专业化的特征。牦牛是古人类在狩猎生活中逐步认识和驯养出来的家畜，比较适应高原生态环境，分布较为广泛；马、驴、骡和猪等牲畜的高原适应能力较差，主要分布在河谷、盆地一带；绵羊和山羊更能适应高寒环境，多分布于藏西山地之间。高寒草原加藏系家畜形成了世界上独一无二的高寒草原畜牧业区域，游牧业经济活动表现出明显的专一性、稳定性特点，其游牧系统是建立在不同海拔高山草地之间的季节游牧，游牧的距离不远，如甘肃天祝的白牦牛放养系统。同时，青藏高原畜牧业还哺育了藏族及藏传佛教的地域性文化，其农业伦理思想不过分追求畜牧效益，如藏族的放生传统、野生动物爱护、禁忌文化等习俗，生态伦理思想非常浓厚。

（三）西北内陆草原民族文化区

该区包括河西走廊和新疆在内的内陆河流域广袤区域，以多个分散的点状绿洲为节点，构建了山地—绿洲—荒漠的复合生态系统。历史上，无数游牧民族在这里发展了草地畜牧业。该区培育出了诸如伊犁马、大尾羊、哈萨克羊等优良畜种。游牧方式为不同绿洲或山体、不同海拔之间的长距离游牧，转场可达上千公里，对生物的时间地带性原理体现最为明显。家畜在牧人的管理下，突破地理地带性的局限，对地理地带性加以剪裁、连缀，排除不适宜自身生存的环境时段，截取适宜自身生存的环境时段，构建了全新时空体。同时，由于山体的牧区和绿洲的农区大体沿山脉走向线状分布，农牧区距离较近，农牧系统结合一直较好。西北内陆畜牧业文化遗产区孕育了以哈萨克族、柯尔克孜族、塔吉克族为主体的游牧民族，还一直担当东西方文化交流的纽带，文化则以外来的伊斯兰文化为主导。

三、游牧文化

（一）游牧文化的特征

同农耕文化相比，游牧文化具有十分鲜明的特征。游牧文化中珍惜草原、保护生态的理念，最终成为草原游牧民族的基本价值观念。游牧文化的特征与功能主要有如下几点：

一是对自然生态的适应性。草原自然条件恶劣，生态脆弱，土地承载力低，自然再生潜力有限。牲畜是对资源进行利用转化的最好途径，决定了畜牧业是最基本的生产方式。而生活方式具有游动性的特征，即"逐水草而居"。这一方式体现了对自然生态的适应性，适应的本质就是迁徙。迁徙是游牧民族对其生存环境的适应，也是牧民生存的抉择。

二是对自然的依赖性。游牧民族在游牧文化背景下对自然的依赖性决定了生存方式的移动性，带来了经济习俗的脆弱性。水草丰则牲畜丰，水草欠则牲畜损。这种游牧经济的脆弱性不利于扩大物质财富的积累。

三是人与自然的和谐性。游牧文化主张开放，善于吸收，善于博取，洋溢着一种生态美，处处显示出生生不息、拼搏竞争、勇于进取的文化性格，体现了人与自然和谐的文化精神。

（二）游牧文化背景下的草原利用、管理和保护是草原游牧的文化内涵

游牧文化是在"逐水草而居"的生活、生产方式下形成的一种对草原利用的文化形态。在草原生产力低下、草原管理能力十分低级简陋的前提下，牧民为了保护草原、满足牛羊营养，依据对草原朴素的认识，对"四季气候四季草"的感性认知而采取的一种生产方式。其派生出的帐房、咕噜车、服装、饮食、家畜种类等形成了游牧方式的内容；其地形选择、营地选择，依据水草、季节性选择放牧地等游牧生产方式以及草场的权属和管理都构成了游牧文化的组成部分。

游牧生产利用是草原游牧民族长期历史演变形成的生产方式。转场轮牧是游牧生产的一种具体形式。在没有自然灾害的年份，牧民会依据草场的季节性差异和水草状况，进行不同方式的牧场轮换，一般采用夏营地和冬营地的方式，采取"春季居山、冬近则归平原"转场轮牧的形式进行游牧。一般来说，蒙古族和哈萨克族牧民分四季营地或冬夏两个营地。牧民在不同营地进行季节性游走放牧。19世纪末的喀尔喀牧民游走放牧的距离一般在50~60km，20世纪50年代的内蒙古阿拉善牧民迁移游牧的距离是10~15km。在漫长的历史发展过程中，草原上的游牧部落和民族还发展出一套与游牧生产相适应的习俗和禁忌。蒙古族在游牧生活中有"牧草谁先来占用，后来者另觅牧场"的习俗。藏族有在夏季不举家搬迁的习俗。而哈萨克族也有在迁移时要打扫旧址的习俗。

　　草原游牧民族历来对环境保护非常重视，其最重要的保护意识是防止草原被过度利用。牧民没有精确的草原生产力放牧强度概念，但是祖祖辈辈的一条放牧利用原则就是"吃一半留一半"。这是保留牧草休养生息和来年返青的重要举措。为了充分保护草原，藏族牧民在夏季草场时不允许举家搬迁，寻找新的草场，其担心在寻找新的草场过程中占用或破坏拟在秋季或冬季利用的草场。此外，草原游牧民族对于水资源和草原野生动物资源保护十分坚决和明确，他们以风俗和禁忌的形式，防止对草原水资源的污染和不合理的利用，对野生动物给予保护。很多游牧民族都有禁止捕杀某种动物的禁忌。除风俗和禁忌外，游牧民族还曾以法的形式对草原野生动物进行保护。此外，草原游牧民族对草原防火极为重视，在不同时代的习俗及法令中均多有体现。

案例 1-4　祁连山草原

　　祁连山位于甘肃省和青海省境内，是两省的界山，东起乌鞘岭，西止当金山口与阿尔金山相接。祁连山从东到西有冷龙岭、托勒山、托勒南山、疏勒南山、党河南山等大山，自北而南包括有 8 个岭谷带，其间夹杂有湖盆、河流和谷地。山间有很多水草丰美的宽谷盆地，连同山坡地带共同组成了祁连山草原。

　　祁连山草原属于高海拔草原，是我国西部典型的高山寒温型草原，分布在海拔 2300~2700m 的祁连山区谷地、山坡，南北麓的缓坡地带，面积 1.22 万 km^2，其中南麓属青海省管辖，北麓属甘肃省管辖。大通河、石羊河、黑河等河流发源于此，是河西走廊绿洲的主要水源。祁连山草原有多种类型，包含草甸草原、典

型草原、荒漠草原和高寒草原。祁连山草原具有强大的涵养水源、保持水土、防风固沙功能，在维护我国西部生态安全方面有着举足轻重和不可替代的地位，是西北地区重要的生态安全屏障，也是西北地区重要的生物种质资源库和野生动物迁徙的重要廊道，是黄河、青海湖的重要水源补给区。这里有山丹军马场所在的大马营草原、康乐草原、皇城草原等诸多草原，是我国重要的草原牧区。

祁连山草原最具代表性的是地处甘肃省山丹县境内焉支山与祁连山之间盆地中的大马营草原，总面积 2192km²，曾经是蜚声中外的亚洲最大的马场——山丹军马场所在地。马场历史悠久，规模庞大，是我国最大的军马繁育基地，也是我军最大的粮、油、肉生产基地，特别是培养出来的"山丹马"，是我国少有的挽乘兼用的优良品种，为我国的良马培养作出了重大贡献。

康乐草原因其境内的"康隆寺"而得名，草原总面积 18 万 hm²。康乐草原的主要部分为马场滩草原，也叫赛罕塔拉草原，位于甘肃省张掖市肃南裕固族自治县康乐乡境内，裕固语为"美丽的草原"。

夏日塔拉草原也叫皇城草原，位于甘肃省张掖市肃南裕固族自治县东南的皇城镇，南与青海省门源县毗邻，北接甘肃省永昌县、武威市，东连天祝藏族自治县，西靠山丹军马场，总面积约 6840km²。"夏日塔拉"在裕固族语中的意思是"金色草原"，曾被《中国国家地理》杂志评为"全国最美草原"之一。

第二章

草原治理体系

建设生态文明，重在建章立制。习近平总书记强调，必须把制度建设作为推进生态文明建设的重中之重。要健全生态保护和修复制度，完善生态环境治理体系。统筹山水林田湖草沙一体化保护和修复，加强森林、草原、河流、湖泊、湿地、海洋等自然系统保护。加强对重要生态系统的保护和永续利用，构建以国家公园为主体的自然保护地体系，健全国家公园保护制度。加强长江、黄河等大江大河生态保护和系统治理。开展大规模国土绿化行动，加快水土流失和荒漠化、石漠化综合治理，保护生物多样性，筑牢生态安全屏障。

草原是我国重要的生态系统和自然资源，也是边疆各族群众赖以生存的生产资料和生活家园，在保障国家生态安全、食物安全、边疆稳定、民族团结和促进经济社会可持续发展、农牧民增收等方面具有基础性、战略性作用。党和国家新一轮机构改革，为加大生态系统保护力度，统筹森林、草原、湿地、荒漠监督管理，加快建立以国家公园为主体的自然保护地体系，保障国家生态安全，组建了国家林业和草原局，加挂国家公园管理局牌子。国家林业和草原局（国家公园管理局）统一监督管理森林、草原、湿地、荒漠及陆生野生动植物资源开发利用和保护，组织生态保护和修复，开展造林绿化工作，管理国家公园等各类自然保护地等；集森林、草原、湿地、荒漠四大生态系统和自然保护地、野生动植物保护于一体，为统筹山水林田湖草沙系统治理提供了体制保证。国家林业和草原局承担生态保护修复的政治责任，林业、草原、国家公园三位一体融合发展，为完善草原治理体系打下了坚实基础。

第一节　充分认识草原在国家治理体系中的重要地位

草原保护修复和草业高质量发展是生态文明建设的重要内容，是推进国家治理体系和治理能力现代化的重要组成部分。要提高对草原重要性的认识，赋予草原在生态建设中的优先地位、在保障食物安全中的突出地位、在促进乡村振兴中的重要地位、在维护生物多样性和实现双碳目标中的特殊地位，在生态文明建设的历史方位中明确草原方向，在山水林田湖草沙一体化保护和系统治理中找准草原定位，在林业草原国家公园融合发展中谋划草原草业发展新路，在新征程中构建草原发展新格局，完善草原治理体系。

案例 2-1 科尔沁草原

科尔沁草原位于欧亚大陆草原的东端，地处内蒙古东部，松辽平原的西北端，北与呼伦贝尔草原相邻，西与锡林郭勒草原相接，处于西拉木伦河西岸和老哈河之间的三角地带，面积约 4.23 万 km^2。

大兴安岭山脉将科尔沁草原与蒙古高原的草原分开，使科尔沁草原成为一个独立的草原区。科尔沁草原主要分布在西辽河砂质冲积平原、大兴安岭南端东侧的山前台地、低山丘陵以及燕山山脉北端的低山丘陵上。

历史上的科尔沁草原，河川众多、水草丰茂，是蒙古民族逐水草而居的天然牧场。随着时代的变迁、人类活动的频繁，大量移民涌入科尔沁，开始垦草种田，砍伐森林，从而导致科尔沁草原遭到不同程度的破坏。原来的科尔沁草原现在更多的称谓是科尔沁沙地。由于人们超载放牧，加上气候干旱，草原演变成了沙地。近年来，为防止草原沙化、退化和盐碱化，采取了草场封育、翻耕补播、人工种草等大量措施，并在科尔沁草原先后建立了大青沟国家级自然保护区和特金罕山自然保护区。

科尔沁草原有着悠久的历史和深厚的人文文化渊源，是许多民族发源、成长、壮大的社会舞台。科尔沁草原西南部的红山文化、中北部的富河文化、东部的昂昂溪文化，以及南部、中部平原上的夏家店文化都充分证实，昔日的科尔沁草原是人类繁衍生息之地，曾孕育出了古老而又崭新的人类文明。

一、草原事关国家生态安全

我国天然草原主要分布在东北平原以西，以及沿内蒙古高原、经黄土高原至青藏高原东缘一线以西的广大干旱、半干旱、高寒地区。这个绵延4500km的绿色自然保护带，是我国构筑的生态安全战略"两屏三带"的主体部分，是中国大陆乃至亚洲许多国家很重要的生态屏障，在防风固沙、水土保持、水源涵养、固碳释氧、生物多样性保持等方面发挥了极其重要的生态功能，是抵御沙漠扩张的第一道防线，是护卫土壤的皮肤，是沙尘暴的克星，是守护水源的卫士，是我国不可替代的绿色生态安全屏障。草原还是应对气候变化的途径，生物多样性的宝库，生物安全的庇护所。我国天然草原有野生植物1.5万多种，它们既是珍贵的遗传资源，也是培育和驯化草地植物新品种非常宝贵的基因库。草原上还分布着2000多种野生动物和250多个放牧家畜品种，以及不计其数的微生物。

二、草原事关我国食物安全

草原是肉蛋奶供应的重要基地，是我国现代草业发展的基础资源。我国草原分布的野生植物中，可制成食品的就有2000多种，为畜牧业提供了大量的饲料资源，为人类提供了丰富的食物来源。大食物观下，粮食安全不仅要关注五谷杂粮，还要着眼于肉蛋奶等副食。根据《"十四五"全国饲草产业发展规划》，要确保牛羊肉和奶源自给率分别保持在85%左右和70%以上的目标，对优质饲草的需求总量将超过1.2亿t，尚有近5000万t的缺口。南志标院士指出，随着社会发展水平提升，食物来源日益多元化，人们饮食观念产生变化，食物消费结构正在改变。从1982年到2019年，肉类、牛奶和禽蛋的人均产量增速明显，牛奶增长了约14.4倍，禽蛋增长了约8.6倍，肉类增长了约4.2倍。人们不仅要吃饱，还在追求吃好。我国畜产品消费正在持续增长，但是草食畜产品生产发展相对滞后，存在牛羊肉价格连年上涨、畜产品多样化供给不充分等问题。造成这一局面的重要原因之一就是饲草供给不足。饲草不足，牛羊只能更多地消耗饲料粮，由此又加剧了饲料粮需求量的攀升。因此，保障食物安全，草原草业的发展至关重要。

三、草原事关能源安全和可持续发展战略实施

草原是我国清洁能源发展的重要基地。我国草原面积辽阔，不仅有丰富的生物和土地资源，而且具有重要的风能、太阳能和地热能等能源资源，可以为风力发电、光伏发电等清洁能源生产提供重要基地，在国家能源结构改革中发挥着重要作用。另外，我国生物质资源极其丰富，共有 1500 余种植物可作为生物质燃料生产原料，草原拥有丰富、巨大发展潜力的生物质植物资源，积极发展草原生物质能源是必然趋势。目前，我国已在木质纤维素水解、代谢产物分离与纯化等关键技术上取得重要进展，生物质能源是仅次于煤炭、石油和天然气的世界第四大能源消费品种，其消费总量位居六大可再生能源（太阳能、风能、地热能、水能、生物质能和海洋能）之首。草原生物质资源等潜在清洁能源的开发利用，必将保障我国的能源安全战略。

草原是我国重大战略实施的主阵地。我国草原分布在丝绸之路经济带地区和长江、黄河源头地区，是"一带一路"倡议以及"黄河流域生态保护与高质量发展""长江经济带发展战略"等国家重大战略实施的主阵地，对推动地区社会经济高质量发展和生态文明建设具有十分重要的意义，是实现美丽中国建设的根本保障。

四、草原事关乡村振兴、边疆稳定、民族团结

草原是我国牧区乡村振兴的重要载体。我国西部 12 省份的草原面积占全国草原总面积的 80% 以上，原 592 个国家级贫困县中，366 个（60% 以上）分布在西部草原地区。这些地区经济发展对草原的依赖度相当高，大力发展以草原为生产资料的畜牧业、加工业、草种业等传统草业是巩固脱贫成果、推动乡村振兴的重要选择。同时，发展以草原为依托基地的生态旅游业、生态文化产业、康养产业等新型草业，有利于改善这些地区的生态和人文环境，吸引社会投资，增强发展能力，助力乡村振兴。

草原是我国牧民安居乐业、牧业发展和牧区社会稳定的基础。我国草原大多分布在少数民族聚居区，居住着 5000 多万少数民族群众，经济社会发展相对落后。天然草原是蒙古族、藏族、哈萨克族、裕固族等少数民族生产生活资料，也是民族地区社会经济发展和民族文化传承的重要保障。加强草原

保护和建设，有利于改善草原生态和发展草原地区经济，可加快各民族共同富裕的步伐，增进民族团结和社会稳定。

草原是我国边疆安全稳定的重要阵地。我国草原大多位于边疆地区，边疆稳固是人民安居乐业不可或缺的前提，是稳边固边的重要保障，是实现草原地区发展进步必须夯实的基础。在祖国漫长的边境线上，有一些从事放牧生产的农牧民群众组成的草原"牧戍边"力量，和边防官兵一起在边境线上构筑起了一道道安全屏障。

第二节　草原生态文明建设取得新成就

党的十八大以来，以习近平同志为核心的党中央将草原工作放在前所未有的重要位置，全面加强草原保护管理，推动草原事业发展取得了新的成效。各级林草部门认真践行习近平生态文明思想，贯彻落实党中央、国务院决策部署，牢固树立和践行"绿水青山就是金山银山"理念，高度重视草原生态保护，草原管理工作方针由生产为主向生态优先转变，不断完善制度、统筹山水林田湖草沙一体化保护和系统治理，坚决守住生态保护红线，退化草原逐步得到有效治理和修复，我国草原事业实现了长足发展，全国草原生态状况达到 1990 年以来最好水平，为维护生态安全、促进农牧民增收、保障草原畜牧业产品供给等发挥了重要作用。

一、草原生态环境持续好转

2020 年，全国天然草原鲜草总产量达到历史高位，突破 11 亿 t，较 2015 年提高 0.85 亿 t；全国草原综合植被盖度达到 56.1%，较 2015 年（54.0%）提高 2.1 个百分点，比 2011 年提高 5.1 个百分点；全国重点天然草原平均牲畜超载率下降到 10.1%，较 2015 年（13.5%）下降 3.4 个百分点，比 2011 年下降 17.9 个百分点，提高了草原生态系统的质量和稳定性，草原退化趋势总体上得到遏制，草畜矛盾明显缓解（图 2-1）。近 5 年累计查处非法开垦草原、征占用草原、滥采乱挖野生植物等破坏草原案件 5 万余起。草原生态功能得到进一步恢复，局部地区草原生态环境明显改善。

2020 年，四川草原综合植被盖度高达 85.8%；西藏天然草原鲜草产量 1.16 亿 t，比 2015 年增长 42.02%；新疆阿克苏地区鲜草总量、理论载畜量分别比 2015 年增长 12.2%、41%，实现草原生态功能和生产功能"双提高"。

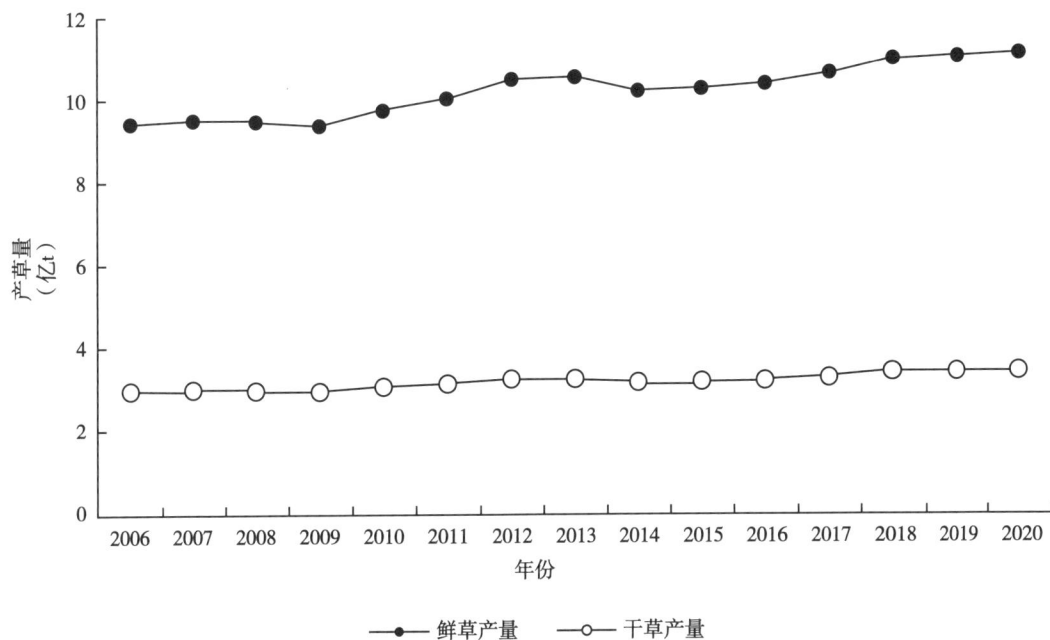

图 2-1　2006—2020 年全国天然草原产草量变化

二、草原工作顶层设计逐步完善

经过长期的探索实践，我国草原管理形成了较为完善的制度体系。1985 年颁布施行《草原法》，为依法保护草原、合理利用草原提供了法律保障。1993 年，国务院颁布《草原防火条例》，对草原火灾的预防和扑救作出规定。2003 年，修订后的《草原法》颁布施行，进一步完善了草原保护制度。2012 年，《最高人民法院关于审理破坏草原资源刑事案件应用法律若干问题的解释》出台，明确了破坏草原资源犯罪行为的定罪量刑标准，实现了《草原法》和《中华人民共和国刑法》的有效衔接，为依法打击草原犯罪行为提供了新的法律武器。目前，初步形成了由 1 部法律、1 部司法解释、1 部行政法规和 24 部地方性法规规章组成的草原法律法规体系，为依法保护管理草原提供了法制保障。同时，全面落实草原承包经营制度，积极探索基本草原保护制度，有序推进草原禁牧休牧、草畜平衡制度，逐步完善草原产权制度和保护管理制度，构建了我国草原事业的基本制度框架。

2018年机构改革后，林草资源统一由新组建的国家林业和草原局负责管理，有效解决了长期以来存在的林草矛盾，标志着草原工作实现了以生产服务为主向生态保护为主、生态生产有机结合的历史性转变。各级林草部门统筹山水林田湖草沙一体化治理，推进林业草原国家公园"三位一体"融合发展，积极完善草原法律制度体系，加快推进《草原法》修改，认真编制《全国草原保护修复和草业发展规划（2021—2035年）》，推动出台政策措施。

2021年3月，国务院办公厅印发了《关于加强草原保护修复的若干意见》，明确了到2025年、2035年和21世纪中叶三个阶段加强草原保护修复的主要目标；从夯实草原工作基础、强化草原保护、加快草原修复、合理利用草原等方面提出16条工作和保障措施，明确了国务院相关部门任务分工，为做好草原工作提供了基本遵循，为推进生态文明和美丽中国建设奠定了基础。内蒙古、河北、青海、四川、云南、新疆、西藏等19个省份制定了贯彻落实的实施意见或具体措施，把保护草原生态放到更加突出的位置，建立健全草原保护修复制度体系，加强草原保护管理，推进草原生态修复，促进草原合理利用，按照源头保护、过程控制、损害赔偿、责任追究的思路，分别出台了基本草原保护、禁牧休牧轮牧、新时代草原监测评价体系等制度，为草原生态保护夯实了制度基础。

三、草原保护工作合力得到加强

在地方各级党委政府履行保护发展林草资源主体责任的同时，国家林业和草原局内设草原管理司，各省级林业和草原局成立了草原管理处或指定具体部门负责草原工作，草原管理从草原重点省区扩展到全国，初步建立了覆盖全国的草原管理体系。林草领域深化改革创新，推进林草资源网格化管理，建设林草生态网络感知系统，建设林草"一盘棋"的工作格局。云南省林业科学院改名为"云南省林业和草原科学院"；青海省果洛州将草长制纳入林长制，实行林草长制；西藏积极构建属地负责、党政同责、部门协调、全域覆盖、源头治理的林草保护发展长效机制，促进林草融合发展。2017年以来，生态环境部与水利部、农业农村部、中国科学院、国家林业和草原局等部门每年联合开展"绿盾"自然保护地强化监督工作，严肃查处各类破坏草原的违法违规行为，进一步强化草原保护工作合力。

四、草原保护与利用趋于科学合理

改革开放以来，牧区逐步推行草原家庭承包经营责任制的基本经营制度，赋予农牧民更多更大的财产权，引导农牧民自觉科学利用草原资源。2011年起国家在内蒙古等8个省份和新疆生产建设兵团实施草原生态保护补助奖励政策（以下简称草原生态补奖政策），大力推行草原禁牧和草畜平衡制度，全国重点天然草原牲畜超载率逐年下降，草原利用更趋合理。同时，着力推行草原资源节约集约利用，广泛使用先进适用技术，积极改良天然草原，不断推进割草场建设，大力发展人工种草，缓解了天然草原的保护压力。

按照党中央、国务院决策部署，全国各级林草主管部门认真落实基本草原保护制度，部分地方出台基本草原管理办法。加强草原执法监管，依法打击各类破坏草原的违法行为。2012—2020年，全国共依法查处各类破坏草原案件12万余起。同时，各级林草部门认真贯彻实施草原法律法规，不断强化执法监督，依法查处非法开垦、非法占用草原以及乱采滥挖草原野生植物等违法案件。

积极探索完善草原承包经营制度、草原资源有偿使用制度、草畜平衡制度等政策措施，培育新型草原责任主体，鼓励建立草业合作社，加快转变传统草原畜牧业生产方式，打破"破坏——修复——再破坏——再修复"的恶性循环。2020年，全国划定基本草原2.5亿hm^2；草原生态补奖政策深入实施，草原禁牧和草畜平衡制度落实面积分别达到0.8亿hm^{2}和1.7亿hm^2，重点天然草原牲畜超载率逐步下降；草原承包经营面积约2.9亿hm^2，约占全国可利用草原面积的88.2%。

西藏那曲市嘎尔德生态牧业产业示范基地将资源保护与牧业发展相结合，牧业由散户经营向集中经营转型，截至2022年6月，带动本地牧民群众5614户2.8万人受益，实现把资源优势转化为经济优势。四川红原县超过90%牧户加入畜牧专业合作社，在保护草原同时发展草原旅游、康养、现代畜牧业等经营性活动。

案例 2-2　那曲草原

那曲草原位于西藏北部，青藏高原腹地，是长江、怒江、拉萨河、易贡河等大江大河的源头。北与新疆和青海交界，东邻西藏昌都市，南接拉萨、林芝、日喀则三市，西与阿里地区相连。那曲草原在唐古拉山脉、念青唐古拉山脉和冈底斯山脉怀抱之中，拥有草原面积 3330 万 hm^2，其中可利用草原面积 2530 万 hm^2。

那曲草原地处羌塘高原的北部，平均海拔在 4500m 以上。整个地形呈西高，中平，东低。中西部地形辽阔平坦，多丘陵盆地，湖泊星罗棋布，河流纵横其间。分布着西藏著名的纳木错、当惹雍错等湖泊，湖泊数量多达 3000 多个。

那曲草原常见植物 50 科 175 属 402 种。其中，饲用植物为 130 种，占植物总数的 32.3%。由于海拔高，气候寒冷、干旱的特点，那曲草原牧草生长期短，低矮稀疏，单位面积草产量地区差异大。东部温暖多雨区，牧草产量 750~900kg/hm^2，最高可达 1200kg/hm^2；中部是绿草如茵的高寒草甸，除大花蒿草外，牧草产量大多为 180~300kg/hm^2；西部为寒冷干旱的荒漠草原，草种比较单一、稀疏，产草量为 300kg/hm^2。由于该地区日照时间长、昼夜温差大，有利于营养物质合成和积累，牧草的叶量多、生殖枝少，使得该地区的牧草具有粗蛋白、粗脂肪、无氮浸出物含量高，粗纤维含量低，适口性好等特点。

分布于西藏北部的青藏高原特有种有野牛、藏羚羊、藏原羚、白唇鹿和西藏野驴等。这些物种在藏北那曲草原的羌塘无人区被保护得最好，种群数量也最多。该地区是目前世界上高寒生态系统尚未遭受破坏的最完好地区，是研究珍稀野生动物生态生物学的理想场所。

那曲草原是一片人迹罕至的处女地，自然景观优美独特，每逢夏秋之季，是草原植被生长期，这时的那曲草原，绿草点缀鲜花，蓝天、白云、阳光、碧水、绿草、家畜、野生动物组成一幅十分和谐的自然景观。

五、草原生态修复工程（项目）成效显著

2000 年以来，我国加快了草原保护建设，累计投入中央财政资金 2200 多亿元，在草原地区陆续实施了退牧还草、退耕还草、京津风沙源草地治理、西南岩溶地区石漠化草地治理、退化草原人工种草生态修复、草原鼠虫害治理等 24 个重大生态工程（项目）（表 2–1），加快恢复草原植被，草原生态服务功能和生产能力显著提升。其中，工程 11 个，项目 13 个。以上工程（项目）中，从 2003 年开始实施的退牧还草工程是我国实施时间最长、收效最大、农牧民受益最多的草原生态修复工程，是草原生态建设的主体工程。截至 2020 年已累计投入资金 339 亿元，建设草原围栏 0.79 亿 hm^2，开展黑土滩治理、毒害草治理、退化草原改良、人工种草等 0.25 亿 hm^2，有力促进了草原生态恢复，推动了草原保护制度落实，加快了草牧业生产方式转变，增加了农牧民收入。通过对 100 多个草原生态保护修复工程县的地面监测，工程区内植被逐步恢复，生态环境明显改善。与非工程区相比，工程区内草原植被盖度平均提高 15.2%，植被高度平均增加 67.3%，单位面积鲜草产量平均提高 69.2%。2021 年，完成种草改良 4600 万亩，有害生物防治面积 2 亿亩。据监测，工程区内植被逐步恢复，与非工程区相比，草原植被盖度平均提高 7.6 个百分点，植被高度平均提高 70%，单位面积鲜草产量显著提高。

各地在推进草原生态修复中，探索了一些成功的经验。如青海省达日县采取治理鼠害补播乡土草种、围栏封育等综合措施治理黑土滩，取得了显著的成效。河北省提出"五个最"（最严格的封育、最少量的扰动、最乡土的草种、最有效的施肥、最科学的防治）和"三个转变"（修复区域从单一分散向集中连片转变、草种选择由单种牧草向草灌结合转变、治理方式由单纯围栏向围封补播和飞播牧草等多项技术综合配套转变）的草原修复措施，取得

表 2-1　草原生态保护修复工程（项目）

序号	工程（项目）
1	天然草原植被恢复与建设工程
2	牧草种子基地建设工程
3	草原围栏工程
4	退牧还草工程
5	草原防火建设工程
6	京津风沙源治理工程
7	岩溶地区石漠化综合治理工程
8	退耕还林还草工程
9	农牧交错带已垦草原治理工程
10	游牧民定居工程
11	西藏生态安全屏障保护与建设工程
12	育草基金项目
13	飞播牧草项目
14	草原监测项目
15	牧草保种项目
16	西藏草原生态保护奖励机制试点项目
17	草种质量安全监管项目
18	南方现代草地畜牧业发展项目
19	无鼠害示范区项目
20	虫灾补助项目
21	草原生态补奖资金
22	行业管理基本业务经费
23	抗灾救灾资金
24	边境防火隔离带补助资金

了很好的成效。内蒙古扎鲁特旗实施"生态移民"工程，789 户牧民进行了移民搬迁，建成了草原封禁保护区，80 万亩连片草原得到休养生息，生机重现；开鲁县建设 5 万亩"羊草小镇"，解决乡土草种繁育难题，草原生态修复成效显著。宁夏采取"五结合"（禁牧与舍饲养殖、封沙育林与退牧还草、自然修复与工程治理、防沙治沙与产业发展、人工修复与自然恢复相结合）措施，持续推进草原生态修复。西藏实施高海拔生态搬迁，减轻了高寒荒漠草原的放牧压力。新疆"十三五"以来完成沙化土地治理 2837.5 万亩、草原改良 480.9 万亩，实现荒漠化和沙化"双缩减"。

六、草原管理体制进一步理顺

草政由国家组织和管理草业的行政机构及其实施草业管理所依据的法律和政策体系组成，它是草原保护和草业发展的重要保证和手段。从历史沿革来看，草政由古代的马政发展而来，并初步积累了一些草原保护和放牧管理的政令法规经验。草政的成熟与完善是中华人民共和国成立之后，尤其是改革开放之后发生的。草政具有历史性意义的事件是 1985 年《草原法》的颁布。

2003 年，农业部成立草原监理中心。这是草原监理体系建设的重大突破，也是草原监理和执法工作新的里程碑。各地以《草原法》的颁布实施和农业部草原监理中心的成立为契机，不断加强草原监理机构和队伍建设，基本形成了中央、省、地、县四级草原监理体系。随着国家草业法政体系的不断充实和完善，草业建设日趋强大、稳固。但是，我国草原管理体制千百年来没有脱离农业，草原一直被视为生产资料，发展畜牧业一直是草原的主导功能。随着生态文明建设的推进，草原的生态服务功能得到前所未有的重视。

2017 年 7 月 19 日，中央全面深化改革领导小组第三十七次会议审议通过《建立国家公园体制总体方案》等重大事项。在这次会议上，"山水林田湖"的提法首次变为"山水林田湖草"，加入了"草"。这是对"草"的地位的充分肯定，对推进草原生态文明建设具有里程碑式的重大意义。

党的十九大报告明确指出，像对待生命一样对待生态环境，统筹山水林田湖草系统治理，实行最严格的生态环境保护制度。"草"第一次被纳入生态文明建设，成为建设美丽中国的重要内容，体现了国家对草原生态保护愈加重视。统筹山水林田湖草沙整体保护和系统修复，改革草原管理体制，统一行使所有国土空间用途管制和生态保护修复职责，成为时代需要。新一轮国务院机构改革中，草原管理机构得到了格外重视。国务院组建国家林业和草原局，由自然资源部管理。将农业部的草原监督管理职责划入国家林业和草原局职责范围。这项改革，旨在加大生态系统保护力度，统筹山水林田湖草沙一体化保护和系统治理，加快建立以国家公园为主体的自然保护地体系，保障国家生态安全，中国草原管理第一次有了国家级的专业管理机构，这是草政发展史上的重大改革。

七、草业发展取得明显进展

草原为畜牧业、食品加工、纺织、制药、化工及造纸等产业提供基本原料，同时也为旅游业、文化产业、康养产业、碳汇产业、生态修复产业等新业态提供了基础资料。改革开放以来，我国以草原为基础的草业经济不断发展，形成了草牧业、草种业、草产品生产加工业、草坪业等主导草产业。全国相继建立了一批具有相当规模的草种基地，生产适应性强、生长表现良好的牧草种子，带动并促进了草种业。草产品加工业快速发展，草产品加工企业已达 190 多个，年生产能力达 460 多万 t，草产品出口量逐年增加，成为外贸出口的新亮点。

草牧业蓬勃发展，草原畜牧业转型升级加快。在加强天然草原生态修复、提高草原生产能力的同时，大力发展人工种草，提高饲草供给能力，有力促进了传统草原畜牧业生产方式转变，有效缓解了天然草原放牧压力，夯实了草原地区高质量发展的基础。

积极推动草种资源的收集、保存和利用，系统地对林草种质资源进行入库保存。国家林业和草原局成立了第一届草品种审定委员会，公布了第一批国家草品种区域试验站。组织召开首届草坪业健康发展论坛、草种业高质量发展学术研讨会，积极支持草坪、草种业发展。草种业发展进入快车道，草种质资源保护利用体系初步建立，草种繁育基地加快建设，羊草等生态修复用种供给能力显著提高。内蒙古自治区林草部门与中国科学院植物研究所合作，开展羊草种子繁育，建立羊草小镇，取得了很好的成效；青海省三江集团致力于乡土草种扩繁生产，不仅为青海省，也为甘肃、新疆、西藏、内蒙古、四川、河北等省份开展草原生态修复提供了有力支撑。

充分发挥草原生态和文化功能，科学推进草原资源多功能利用，加快发展绿色低碳产业，努力拓宽农牧民增收渠道。推进生态价值实现形式多样化，探索绿水青山就是金山银山的有效实现途径。启动国家草原自然公园试点建设，积极打造一批草原旅游景区、度假地和精品旅游线路，推动草原旅游和生态康养产业发展。开展国有草场建设试点，探索草原可持续发展模式，因地制宜发展现代草业、生态畜牧业和草原旅游业。

八、草原支撑保障能力持续增强

积极构建新时代草原监测评价体系，全面启动林草生态综合监测草原监测评价，草原精细化管理迈出重要步伐。2021 年，完成外业监测样地 2.9 万个。全面部署草原基础情况监测，组织划定草班小班，首次将草原落实到山头地块，建立草原基础数据档案图库，构建"全国草原一张图"，初步解决了长期以来草原基础情况不明、底数不清的问题，为草原事业发展打下了坚实的基础。

近年来，国家持续加大对人工草地建设、草产品加工、草品种培育等方面的科技支持，大力加强草原和草业学科建设。草原科技支撑平台建设加快，新建成草原长期科研基地 7 个，草原野外生态定位观测站 10 个，草原工程技术研究中心 11 个，国家创新联盟 10 个，草原重点实验室 1 个，378 项草原科技成果纳入林草科技成果储备库。12 所高校设有独立的草业学院，32 所高校和高等职业技术院校设立草业科学相关专业，38 所高校和研究院所培养草学硕士或博士研究生，草原科技支撑水平逐步提高。

部分省份组织国内、省内草原专家组建专家库或专家团队，整合各方面科技和智库力量，完善科技创新平台，强化技术创新和推广，提升草原保护修复科技水平。

第三节　构建新时代中国特色草原治理体系

国务院办公厅印发的《关于加强草原保护修复的若干意见》提出，要建立健全草原调查监测评价体系、加大草原保护力度、完善草原自然保护地体系、加快推进草原生态修复、统筹推进林草生态治理、大力发展草种业、合理利用草原资源、推动草原地区绿色发展等措施。国家顶层设计已完成，但草原仍缺乏系统性治理体系，必须树立系统思维，立足长远，精心谋划，打好基础，全面推进，快速补齐短板。因此，我们要认真贯彻落实习近平生态文明思想，统筹山水林田湖草沙一体化保护和系统治理，找准草原定位，全方位推进林草融合发展，着力构建草原监测评价、草原保护、草原生态修复、草原执法监管、现代草业、支撑保障等六大草原治理体系，不断提升草原治理水平，实现草原生态系统良性循环，形成人与自然和谐共生的新格局。

一、草原监测评价体系

（一）构建思路

充分发挥既有草原调查监测队伍作用，运用成熟方法成果，在继承发扬的基础上大胆探索创新，以深入推进林草融合为契机，充分借鉴森林资源调查监测的有益经验做法，通过转移、嫁接、融合、提高的办法，全面提升我国草原调查监测评价能力，构建内容全面、基础扎实、方法科学、运行顺畅的草原监测评价体系，搞清草原底数和动态变化趋势规律，为科学指导草原保护修复和合理利用提供坚实基础和支撑。

（二）主要任务及内容

根据草原资源、生态和植被特点，以及草原管理工作需求，开展草原资源调查、草原生态评价、年度性草原动态监测、专项应急性监测等方面的任务（表2-2）。

表 2-2　草原监测评价体系主要任务及内容

序号	主要任务	主要内容
1	草原资源调查	将草地性质、权属、性状等情况信息固化实化，地理信息上图和数据化。与森林资源一张图结合，整合形成林草资源一张图
2	草原生态评价	重点对阶段性时期内草原生态状况和发展变化趋势做出分析判断，对草原是否健康，草原退化及其程度、面积、分布，草原生态服务功能等，进行定量定性评价

序号	主要任务	主要内容
3	年度性草原动态监测	重点对草原即时性变化进行动态跟踪监测，包括物候期、生长期植被生长荣枯变化、自然生物灾害发生、生态修复和工程项目建设、草原放牧利用和草畜关系等，满足草原日常管理服务需求
4	专项应急性监测	根据草原管理实际需要，围绕社会热点、领导批示、重大灾情等，开展专项监测、应急性监测、临时性监测、区域性监测任务，为某一具体工作提供数据图件的信息支撑

（三）体系构建

构建完善草原类型区划、数据指标、样地场地设施、技术方法、质量控制、标准规范、数据库和软件平台、组织管理等八大体系（表 2-3）。

表 2-3　草原监测评价体系

序号	主要体系	体系内容
1	草原类型区划体系	草原类型区划是开展草原调查监测评价工作的重要依据和基础，必须系统性地对我国草原进行分类、分级、分区，形成符合我国草原管理特点的草原类型区划体系
2	数据指标体系	草原调查监测评价指标，是数据获取、过程分析、结果展示的重要内容和载体。各类草原调查监测评价的指标合集，共同构成数据指标体系
3	样地场地设施体系	建设布局均衡、数量适当、结构合理的草原调查监测常规样地、草原固定监测点、草原生态长期定位观测站，共同构成样地场地设施体系
4	技术方法体系	采用地面监测和"3S"技术 * 相结合的技术路线方法，充分运用计算机、信息、通讯、无人机、视频监控智能识别、大数据、人工智能等新兴技术，开展草原调查监测评价工作。同时，不同环节、不同指标内容、不同任务，采用的技术方法又有所不同。不同技术方法的组合配套，构成草原调查监测评价的技术方法体系
5	质量控制体系	开展全国草原调查监测评价，是一项系统性工程，涉及全国各地、不同层次的机构和人员，必须要从制度机制、人员素质水平、监督检查等方面建立一套质量控制体系进行质量控制

序号	主要体系	体系内容
6	标准规范体系	把草原调查监测评价内容任务和全过程、全要素及技术方法手段等进行书面化、成果化、规范化，形成成套技术标准，成为行业共同遵循的标准
7	数据库和软件平台体系	借助计算机技术，开发数据库和软件平台，提高数据安全和管理效率。对不同时期、不同单位开发的数据库和平台进行优化整合协同，建立草原调查监测数据库和软件平台体系
8	组织管理体系	全国草原调查监测工作由国家林业和草原局统一部署，逐步建立以国家队为主导、地方队伍为骨干、市场队伍为补充、高校院所为技术支撑的草原调查监测组织体系

注："3S"技术是遥感、地理信息系统、全球定位系统的统称。下同。

二、草原保护体系

根据草原的定位、重要程度、保护利用强度的不同，将全国草原划分为生态保护红线内草原、基本草原、国有草场内草原等不同空间类型，实行差别化管控措施，构建草原保护体系。加大草原生态保护建设政策支持力度，加强保护制度建设，在《草原法》的基础上，制定配套的法律法规，强化分区用途管制、利用强度管控及产业准入等，逐步完善草原保护管理体制（表2-4）。

表2-4　草原保护体系

类别	保护内容	保护模式
生态保护红线内草原	自然保护地内草原	推进《中华人民共和国自然保护地法》制定，按照《中华人民共和国自然保护区条例》《国家级自然公园管理办法（试行）》以及自然公园现有的管理办法及条例，严格保护管理自然保护地范围内的草原
	其他生态保护红线内草原	按《生态保护红线管理办法》及生态保护红线管理有关政策规定保护与管理
基本草原	具有特殊生态功能的草原、重要放牧场、打草场等区域	按照有关地方关于基本草原保护管理的法规、规章予以管理；建设项目占用草原按照《草原征占用审核审批管理办法》执行。同时加快推进《基本草原保护条例》制定，严格管制占用基本草原

类别	保护内容	保护模式
国有草场内草原	集中连片，区位重要、质量较高、资源较好的草原，或生态脆弱、区位重要、集中连片的退化草原和荒漠化草原	尽快制定出台《国有草场管理办法》，明确国有草场内草原用途管制、产业准入、利用强度等，规范合理利用
人工草地	生态功能极为重要的人工草地	划入生态保护红线，按照《生态保护红线管理办法》，及生态保护红线管理相关规定予以严格保护
人工草地	部分生态功能重要，服务于畜牧业生产的人工草地	划入基本草原，按照现行基本草原保护管理的相关规定进行保护与管理
人工草地	其他人工草地	按照《草原法》进行管理
城镇草地（城市草坪）	一般城镇草地（城市草坪）	将城市草坪保护、管理与利用纳入《草原法》管理范畴，明确城市草坪和城镇草地在类型上就是草原
城镇草地（城市草坪）	涵养水源、保持水土、美化环境等生态效益突出，以及用作科研、教学实验的特殊城镇草地（城市草坪）	纳入基本草原，按照现行基本草原保护管理的相关规定进行保护与管理
其他草地	具有极其重要生态功能和科研价值的其他草地	纳入生态保护红线，按《生态保护红线管理办法》，及生态保护红线管理有关政策规定保护与管理；或划为基本草原，按照现行基本草原保护管理的相关规定进行保护与管理
其他草地	其他草地	按照《草原法》等法律法规严格保护管理

三、草原生态修复体系

目前草原生态修复项目少，类型较为单一，针对性不强，修复成效不明显，修复成果缺乏展示展现，成果难以巩固持久。为了做好草原生态修复工作，完成草原生态修复任务，加快恢复退化草原生态系统，亟须制定一套完整的修复体系。

（一）构建思路

以习近平生态文明思想为指导，立足不同区域自然条件和草原退化状况等客观实际，坚持"节约优先、保护优先、自然恢复为主"的方针，科学布局和组织实施草原生态保护修复重大工程，着力提高草原生态系统自我修复能力，改善草原生态系统质量，稳步提升草原的生态功能和生产能力。

对重度退化草原，采取免耕补播、人工种草等方式，引入先锋植物和乡土草种，减少地表裸露，增加植被覆盖，丰富生物多样性，进行草原植被系统重建。对中度退化草原，采取施肥、松土、切根、灌溉等培肥地力、改善水土的措施，促进草原原生植被生长，恢复草原生态环境。对轻度退化草原，采取围栏封育的措施，减少人为对草原的干扰破坏，依靠草原自然修复力，促进草原植被恢复。在水土条件适宜地区，支持建设多年生放牧型人工草地，大幅提升优质牧草生产供给能力，减轻天然草原的放牧压力，促进天然草原休养生息。

将生态系统中具有典型性和代表性、区域生态地位重要、生物多样性丰富的草原建设为草原自然公园，重点实施草原生态修复相关项目，严控各类人为活动对草原生态环境的影响。对生态脆弱、区位重要的退化、荒漠化和放牧利用价值不高的草原，由国家投资建设国有草场，进行规模化修复治理并管理，恢复草原良好生态，巩固生态文明建设成果。开展乡村城镇种草、河湖堤岸种草，充分发挥种草在国土绿化和保持水土中的作用。开展草原监管、草原生物灾害防治和乡土草种繁育等体系建设，提升草原生态修复能力。

（二）体系构建

明确草原生态修复主要任务，摸清草原退化情况，组织实施工程项目，落实任务上图入库精细化管理，开展工程效益评估，加强修复成果管护。根据草原退化情况，采取设置草原围栏、草原改良、人工种草等生态修复措施，构建生态评价体系、工程措施体系、政策保障体系等生态修复体系（图2-2）。

1. 生态评价体系

开展草原退化基况专项调查，明确草原退化面积和位置，划分退化等级（重度、中度、轻度），形成草原退化分布图，为开展生态修复治理提供依据，使各项修复措施精准落实到山头地块，实现精细化修复治理。

2. 工程措施体系

针对我国草原退化的实际情况，积极开展草原生态修复八大工程（表2-5）。

主要任务

摸清草原退化情况　　组织实施工程项目　　开展工程效益评估　　加强修复成果管护

修复措施

草原围栏　　草原改良　　人工种草　　有害生物防控　　其他修复措施

生态修复体系

生态评价体系　　工程措施体系　　政策保障体系　　组织保障体系　　物资保障体系　　管理评估体系　　成果管护体系

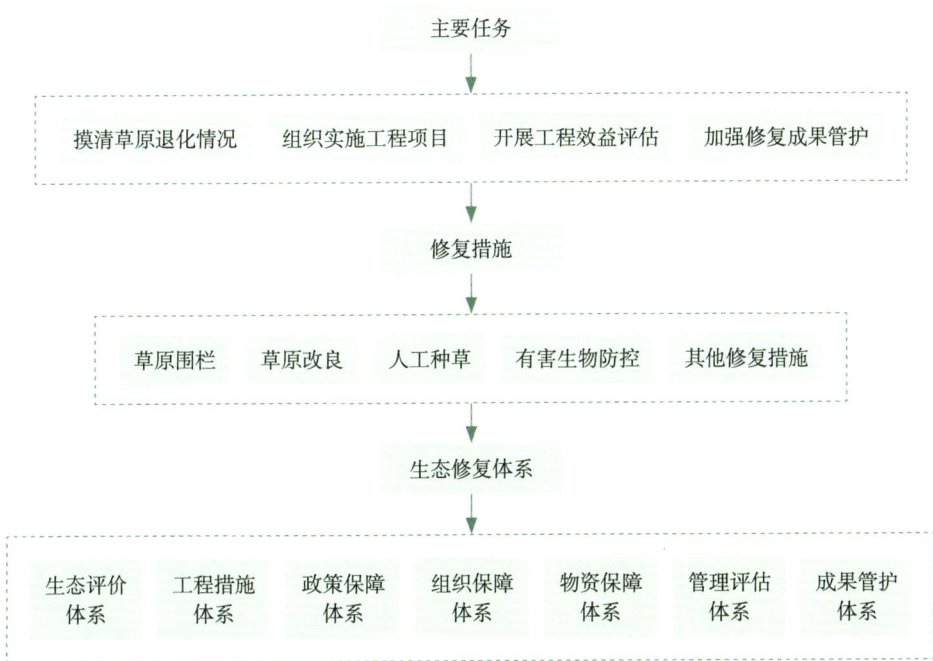

图 2-2　草原生态修复体系

表 2-5　草原生态修复八大工程

序号	工程名称	工程内容
1	重度退化草原生态修复工程	针对重度退化草原，通过种植当地乡土草种，进行草原植被系统重建，恢复草原生态系统
2	退牧还草工程	针对因超载过牧造成的轻度退化草原，采取围栏封育的方式，使受损草原得到休养生息，增加草原生物量，自然恢复草原植被
3	草原生态质量精准提升工程	选择具有改良潜力的轻中度退化草原，通过采取免耕补播、培肥地力等措施，恢复优质牧草比例，提升草原生态质量和生产能力
4	草原自然公园建设工程	在全国积极开展草原自然公园建设，构建以草原自然公园为主体的新型草原生态保护与可持续发展模式
5	国有草场建设工程	将国有单位的草原、未进行集体承包的国有草原、由政府投资为主通过规模化治沙后形成的草原、承包期满后收回的草原，建设为国有草场，由政府投资为主并统一管理
6	乡村种草绿化示范工程	以美丽乡村建设为契机，在乡村、城镇周围开展种草绿化，通过示范工程打造绿色生态的草地景观，着力改善人居环境，满足人民群众对生态产品的需求

序号	工程名称	工程内容
7	河湖堤岸草带建设工程	在长江、黄河等大江大河和重要湖泊的堤岸，采取人工种草的方式，开展防洪固岸草带建设，加固河流堤坝，改善河流沿岸生态景观
8	草原生态保护修复支撑工程	为了建立和完善生态保护与修复重大支撑体系，重点开展草原监管体系、草原生物灾害防治和乡土草种繁育等建设，提升草原生态修复能力

3. 政策保障体系

国家对草原生态修复给予资金和政策支持。国家财政设立草原生态修复治理补助，用于退化草原生态修复治理、草种繁育、草原有害生物防治等相关内容。开展草原生态修复金融创新政策研究，制定鼓励社会资本开展草原生态修复的政策措施，鼓励和引导社会资本进入草原生态修复领域。

4. 组织保障体系

全国草原生态修复工作由国家林业和草原局统一部署，地方林业和草原行政主管部门负责组织实施本行政区域草原生态修复工作。国家林业和草原局直属调查规划单位分区指导草原生态修复并开展修复成效评价，有关科研院所承担生态修复技术支撑服务任务。

5. 物资保障体系

建立种质资源收集保存利用、优良乡土草种选育培育、草种采收、生产、加工等草种育繁推一体化体系，解决草种业的各个环节脱节、乡土草种缺乏等问题。开展科技攻关，研发适合草原地区生态修复的机械设备，建立草原生态修复机械设备研发试验推广体系，为大规模开展草原生态修复打下物质基础。

6. 管理评估体系

开展草原围栏、草原改良、人工种草等各项草原生态修复措施的标准规范研究，明确各项措施的技术要求，形成草原生态修复技术标准规范体系。开展草原生态修复工程项目管理，编制草原生态修复工程项目管理信息系统，开展种草改良任务"上图入库"工作。开展草原生态修复工程项目督导检查工作，依托国家林业和草原局直属调查规划单位等对工程项目效益进行评估，了解项目实施情况。

7. 成果管护体系

创新管理机制，制定相关政策，依托草原自然公园和国有草场建设，落实草原生态修复成果管护责任，对修复好的草原进行严格管理。加强草原监督执法力度，将草原生态修复工程项目区作为草原执法重点区域，严格落实草畜平衡和草原休牧措施，保护草原生态修复取得的成果。

四、草原执法监管体系

机构改革后，草原监管机构队伍大幅减少，草原执法能力大幅下降，对有效开展草原执法监管工作，提升执法监督能力现代化，实现草原资源保护和永续利用产生了重大影响。为了切实履行草原资源监管责任，实现草原执法监管体系和执法监管能力现代化，严厉打击、有效遏制各类破坏草原资源违法违规行为，必须加快构建适应新形势、新任务、新要求的，系统完备、科学规范、运行高效的草原执法监管体系，严厉打击各种破坏草原的违法行为，真正把草原法律法规落到实处，切实有效保护草原资源。

（一）**构建思路**

按照党中央、国务院关于生态文明建设的决策部署，充分调动整合现有草原监管力量，切实推动林业、草原和国家公园融合发展，着力构建纵横协同、上下联动、运行高效、全域覆盖、公众参与的草原执法监管体系，为草原保护修复提供有效的监管保障。

（二）**主要任务及内容**

通过专题研究和实践推动，努力构建适应草原资源保护新形势、新要求和新任务的草原执法监督体系。明确新型草原执法监督体系的主要内容，健全完善草原执法监管依据，创新草原执法监管方式方法，以各地推进林长制实施为契机，通过切实落实草原资源监管责任，实施草原变化图斑判读和抽查核查处置，建立完善县、乡、村三级草原管护网络，加强草原管护员队伍建设，构建常态化执法监管、协同处置违法行为、重大事件应急处置、草原资源保护工作约谈、草原资源保护宣传培训等措施、手段，逐步建立并不断完善系统规范、运行高效的草原执法监管体系。

1. 健全完善草原执法监管依据

加快《草原法》《草畜平衡管理办法》修订工作进程，尽快解决现有草原概念定义范围不清楚、行政处罚依据不充分、行政处罚偏轻，以及部分监管领域尚无监管和处罚的法律条款依据等问题，重点解决现行《草原法》对南方草地、北方农牧交错带草地、城镇周边草地等草地资源管理的针对性不够强、有关规定不够明确具体、缺乏可操作性等方面的问题。鼓励和指导南方省份和北方农牧交错带省份草原管理部门，加快推进配套法规规章建设，制定出台地方性草地管理法规规章，增强南方草地保护建设利用的有效监管。各地也要配合《草原法》和配套规章的修订，积极推动地方立法，制定和完善配套法规规章，扎实推进草原法律法规体系建设，为草原资源开发利用保护监管提供充分的法律依据。

2. 落实草原资源保护主体责任

贯彻落实《关于全面推行林长制的意见》《关于加强草原保护修复的若干意见》，着力深化草原资源监管体制改革，理顺中央和地方之间在草原监管方面的职责。督促地方党委政府重视草原工作，在草原主要省份分级设立市、县、乡和村级草长或林（草）长，科学确定林（草）长责任区域，严格落实地方政府的草原资源监管主体责任，正确处理草原资源保护和科学合理利用的关系，有效破解当前影响制约草原管理工作开展的难题和瓶颈，守住草原生态安全的底线。

3. 全面加强草原资源监管工作

以维护草原生态环境安全和强化草原资源保护为根本目标，坚决扛起草原资源保护的政治责任，守好草原生态安全底线。切实落实森林、草原和国家公园融合发展机制，瞄准草原监管薄弱环节补齐短板，构建完善多部门联合协作的草原监管执法体系，加大执法监督力度，加大草原普法宣传力度，建立健全草原违法举报、核查处置、案件督办、通报约谈等制度和草原联合执法机制，完善草原行政执法与刑事司法衔接机制，整体提升草原资源保护能力和水平。督促指导各地草原主管部门切实履行监管职责，层层传导压力，严守生态红线，切实加大涉草违法犯罪打击力度，常态化组织开展行业性、季节性、地域性专项执法行动，始终保持高压态势。特别是要强化重点生态区、生态脆弱区等重要区位的监管及领导批示指示的、社会关注度高的违法案件的查处，严厉打击草原违法违规行为，依法依规保护草原。

4. 提升草原执法监管和水平

积极推进"互联网+监管"模式，深入开展草原变化图斑判读和抽查核查处置工作，加快完善破坏草原违法线索的发现、核实、处置、移送等案件查处机制，尽快形成权责明确、程序规范、更加高效、监管有力的数字化草原监管体系，全面提升草原资源保护和执法监管的能力，实现新形势下草原资源动态监管、常态监管、精准监管、数字监管和全面监管，及时发现，严厉打击、坚决遏制各类非法挤占草原生态空间、乱开滥垦草原等行为，为切实有效保护草原资源和巩固草原生态文明成果保驾护航。

5. 建立完善草原基层监管体系

指导各地建立完善权责明确、保障有力、严格监管、运行高效的县、乡、村三级网格化管护网络。加快建立一支与推行草原休养生息相适应的"牧民为主、专兼结合、管理规范、保障有力"的草管员队伍，形成政府主导、多元参与的草原资源监管体系。

（三）体系构建

构建常态化执法监督、协同处置草原违法行为、应急处置重大事项、探索开展草原资源保护工作约谈、草原资源保护宣传培训、稳定壮大基层草原执法监管力量六大体系，提升草原执法监管能力（表2-6）。

表 2-6 草原执法监管体系

序号	体系名称	体系内容
1	常态化执法监督	坚持把查处草原违法行为作为加强草原资源监管的核心任务，以组织开展年度草原执法专项行动为抓手，重点打击非法开垦草原、非法占用使用草原、非法采集草原野生植物，特别是因矿产开发等工程建设严重破坏草原的各种违法行为。严格草原征占用审核管理，加大对草原禁牧休牧和草畜平衡的监管，推进禁牧和草畜平衡制度落实。不断完善草原行政执法与刑事司法衔接，加大案件挂牌督办力度，及时通报和曝光具有教育警示作用的草原犯罪案件
2	协同处置草原违法行为	推进林草深度融合，调动整合林草行政执法力量，充分发挥国家林业和草原局驻各地专员办草原资源监督保护职能，强化其对草原资源保护利用的监督力度，建立完善草原违法案件联合调查处置制度，对重要案情信息及时沟通，重要进展及时通报，重要行动共同组织，重要案件共同处置，重要经验共同分享，重要情况及时上报。建立完善的跨地区案情信息送达协助机制、跨地区有关情况调查核实协助机制、跨地区重大突发事件协同处置机制

序号	体系名称	体系内容
3	应急处置重大事项	对党中央、国务院的重大决策部署，习近平总书记和中央领导同志的重要批示指示，以及各级领导批示和媒体曝光、社会关注的重大草原违法违规问题，要迅速反应，建立应急联动处置重大事项工作机制。对相关情况和案情线索，明确具体负责人员和办结时限，及时建立台账，并按照属地负责原则，与局驻当地专员办和省级草原管理部门联系，及时开展案情调查，客观、准确地形成调查报告和处置意见，不断提高涉草突发事件防范应对和及时处置能力
4	探索开展草原资源保护工作约谈	借鉴生态环境、安全生产和林业资源保护约谈的经验，研究提出实施草原资源保护工作约谈的政策法律法规依据、约谈形式、约谈情形和对象、约谈结果处置意见等。针对重点区域和监管工作中发现的突出问题，适时对草原资源保护工作开展不利、草原生态环境受破坏的省级草原管理部门负责人员，以及市级、县级地方人民政府主要领导进行约谈，通过提醒、警示、批评等方式，指出存在问题，提出改进意见，促进各地切实提高认识，完善草原监管机制，督促草原保护制度落到实处。在此基础上，建立完善草原资源保护工作约谈制度
5	草原资源保护宣传培训	认真落实谁执法谁普法的普法责任制，坚持每年组织开展草原普法宣传月活动，不断创新普法宣传方式，把普法融入草原行政、监督执法和服务管理的各环节、全过程。积极推进草原执法监管人员能力提升建设，坚持开展草原资源保护和执法监督培训，提升监管人员履职能力。积极指导地方加快建立与草原监管实际需要相适应的草原资源保护分级培训制度，对地方各级草原管理人员和草管员开展定期业务培训，提升草原监管能力和水平
6	稳定壮大基层草原执法监管力量	稳定基层草原机构和人员，理顺管理职能，有效充实草原执法监督机构人员力量，加强草原技术推广的队伍建设，提升基层草原部门的公共服务能力。通过探索和推动草原基层站所标准化、规范化和智慧草原建设试点工作，推动提高基层站所的基础设施、装备配备、服务水平，进一步促进基层站所机构规范化建设，切实提升草原执法监管效率。加快建立一支与草原监管实际需要相适应，牧民为主、专兼结合、管理规范、保障有力的草原管护员队伍，不断提升草原监管的精细化水平

五、现代草业体系

草业是与农业、林业同等重要的产业。早在 20 世纪 80 年代，钱学森教授就提出利用现代科学技术发展知识密集型草业是草产业发展的必由之路。草原利用好了，草业兴旺发达起来，对国家的贡献不亚于农业。目前我国草业产业规模较小，产值较低，链条不长，没有形成完整的产业体系。现代草业是基于生态文明建设的时代背景，以现代科技促进草业高质量发展的产业，是草原生态建设产业化、产业发展生态化的必由之路。因此，亟须构建现代草业体系。

（一）建设高质量草原畜牧业

草原畜牧业是我国牧区的传统产业，又是最具有优势的支柱产业。发展草原畜牧业，应以提高效益为中心，走集约化、产业化之路。按照市场经济体制和机制的要求，打破传统、粗放的经营方式，实现区域化布局、专业化生产、集约化经营、社会化服务、企业化管理。培育龙头家庭牧场，实现市场牵龙头、龙头带基地、基地连牧户的模式，逐步形成强强联合、以强带弱的现代化企业管理体系，发展一批贸工牧、产供销、牧科教等多种形式一体化生产的经营实体，促进我国草原畜牧业生产集团化、产业化。

案例 2-3　廷·巴特尔，草原牧区发展带头人

廷·巴特尔，蒙古族，1955 年出生于呼和浩特，父亲廷懋是新中国授予的内蒙古最早的 4 名少将之一。廷·巴特尔是内蒙古锡林郭勒盟萨如拉图雅嘎查原党支部书记，扎根牧区 50 多年，创新性提出"蹄腿理论"，推广"算账养畜"，在当地率先开展划区轮牧，推行草畜平衡，发展多种经营，探索出保护生态、发展经济、促进增收的新路子，使当地牧民的生产生活发生了深刻变化。

1974 年，年仅 19 岁的廷·巴特尔离开家乡呼和浩特，来到阿巴嘎旗洪格尔高勒镇萨如拉图雅嘎查下乡。1976 年，廷·巴特尔由于表现突出、工作出色，光荣地加入了中国共产党。1978 年，到萨如拉图雅嘎查插队的知青开始陆续返城。由于廷·巴特尔是开国少将廷懋的儿子，大家都质疑他"就是来镀金的""肯定会第一个离开"。然而出乎意料的是，廷·巴特尔一次次放弃返城机会，选择留在草原。

20 世纪 80 年代，内蒙古对牧区推行草畜双承包责任制。牧民纷纷扩大养殖规模，羊群数量逐渐超出草原承载力。萨如拉图雅嘎查位于浑善达克沙地西北边缘，

草场沙化更为明显。1986年，廷·巴特尔率先用网围栏圈起300多亩草场封育。第二年，这些被围封的草场打了9马车草，相当于其他牧民1000亩草场的打草量。亲眼看到效果后，牧民纷纷效仿，开始围栏放牧。

廷·巴特尔非常重视草原生态保护。为了改善草原生态，廷·巴特尔一方面想方设法通过各种渠道求得优质草籽，在自家草场试验播种；另一方面，廷·巴特尔看到牧民们盲目发展羊群规模，草原负荷加重而导致退化时，琢磨出一套"蹄腿理论"。"1头牛的收入顶不顶5只羊？""1头牛4条腿，5只羊20只蹄子，哪个对草场破坏大？"他用牧民能听懂、可信服的理论，耐心解释"稳羊增牛"的好处。在他一遍遍的劝解下，牧民们纷纷压缩小畜，改养肉牛、奶牛，草场也慢慢得到了恢复。

"蹄腿理论"在内蒙古各牧区广泛流行起来后，廷·巴特尔又总结出"四点平衡"新经验，即养什么牲畜收入最高、支出最低、劳动强度最小、对生态最好。在他看来，这4个点结合起来，就是经济和生态效益的最高点。

廷·巴特尔的事迹传遍全国，感动了很多人，他也当选为全国人大代表，并获得"七一勋章""全国优秀共产党员""全国劳动模范""全国民族团结进步模范个人""改革先锋"等称号。

廷·巴特尔说，他将继续在草原干下去，要让草原生态更加美好，让牧民生活更富裕。

（二）大力发展草种业

建立健全国家草种质资源保护利用体系，开展草种质资源普查，建立草种质资源库、资源圃及原生境保护为一体的保存体系和评价鉴定、创新利用和信息共享的技术体系。加强优良草种，特别是优质乡土草种选育、扩繁和推广利用，不断提高草种自给率，满足草原生态修复及草坪业建植用种需要。鼓励牧草品种选育者与良种繁育企业对接，打造适应我国草种业生产特点的牧草种子分散生产、集中收购的灵活生产模式。建立草种储备制度，完善草品种审定制度，加强草种质量监管。

案例 2-4 大力发展羊草

羊草［*Leymus chinensis*（Trin.）Tzvel.］隶属禾本科赖草属，是我国重要的多年生乡土草种，也是欧亚大陆草原区东部草甸草原及干旱草原上的重要建群种之一。在我国境内其主要分布区是东北和内蒙古东部地区，形成地带性群落类型，约占世界羊草总面积的一半。羊草的植株叶量大，营养价值高，适口性好，素有"牧草中的细粮"之称。羊草的适应性广，抗逆性强，具有耐寒、耐旱和耐盐碱的生态特性，且具有发达的横走根茎，是防沙治沙的优良草种，对改善我国北方草原生态环境和盐渍化土地治理具有重大意义。

羊草产业是我国北方的优势草产业，羊草产品曾经出口日本、韩国等国家。大力发展羊草种业，既能够在开展生态文明建设、推进草原生态保护修复方面发挥效益，又能成为我国草产业的亮点和国民经济发展的新增长点。

中国科学院植物研究所羊草研发团队围绕"羊草有性生殖"等产业瓶颈科技问题，从收集整理种质资源入手，系统地开展了羊草野生种质资源的收集、评价、科学问题探索、基因资源挖掘、新品种选育等方面的研究。通过近30年的工作积累，育成了'中科1号''中科2号''中科3号''中科5号''中科7号'羊草新品种，突破了"抽穗率低、结实率低、发芽率低"等困扰产业化发展的瓶颈。同时建立了实用的羊草基因资源数据库；验证了15个有育种价值的新基因；建立了SNP分子标记技术体系，实现了对羊草种质资源的高通量精细评价；明确了自交不亲和性（SI）具有配子体型遗传特点，鉴定出一批SI候选基因；发掘出羊草种子高萌发率的优异基因型，发现羊草种子休眠受变温调控的时间积累效应和感温的窗口期，获得了种子快速发芽的特殊材料并掌握提高羊草发芽率的关键保密技术。众多科研成果为中科羊草的推广奠定了坚实基础，且羊草的更新换代工作永续进行，为羊草产业化发展提供新的材料。

国审品种'中科1号'羊草抽穗率50%左右，种子发芽率60%左右，种子产量40kg/亩左右（试验田测产92kg/亩），干草产量1000kg/亩。中科羊草粗蛋白含量高，拔节期为22%~35%，开花期为16%~20%，种子成熟期为10%~15%，各时期品质均属一等牧草。'中科5号''中科7号'羊草属于生态草品种，草产量高、适应性更强。

羊草耐干旱、耐贫瘠，每年灌水量不足200m³/亩，且施肥少，适合干旱贫瘠区域种植，打造节水农业新模式。羊草适合有基本水源的各类土壤，网状根系繁殖速度快，其绿色覆盖、固沙弱荒、涵养水土、固碳储碳、减排净化效能显著。草种的科技含量高、新技术具唯一性。其生态价值、商业价值、人文价值较高，有巨大发展潜力。所以，从中长期看，羊草具有较高的经济、生态和社会效应。未来10年，根据市场需求，将建设羊草种子繁殖基地50万~100万亩，可以每年为我国北方草原改良提供1500万~2000万亩种源。

中科羊草现已在新疆、西藏、甘肃、宁夏、内蒙古、陕西、河北、河南、黑龙江及北京等地得到推广应用，形成了盐碱地改良、荒漠化土地治理、退化草地修复、毒害草治理、戈壁滩建植及林草结合种植等多种开发利用模式。用于极端生态环境改良的代表性地域有呼图壁县荒漠化平原（极端高温40.0℃，极端低

温 −39℃；土壤含盐量 3.4‰，pH 值 10.02）、奎屯市旱地（年均降水量 182mm、蒸发量 1710mm）、宁夏荒漠化土地（土地干旱、贫瘠，植被稀少）、甘肃酒泉盐碱地（土壤含盐量 9‰，pH 值 9.15）。

专栏 2-1 羊草种业取得的成就

1. 羊草种质资源收集和评价工作初见成效

中国科学院植物研究所等科研机构从国内外采集保存 1100 多份羊草种质资源，在北京、塞北等地建立了长期隔离繁殖的种质异位保存圃。鉴定核心种质 300 多份，为国家种质资源库提供 272 份，每份种子数达到 15000 粒、发芽率到 50% 以上。重点围绕羊草有性繁殖和抗逆性等 46 个重要表型性状开展系统评价，明确了单穗结实数是评价羊草种质资源和育种亲本选择的重要指标。鉴定出高结实率、高发芽率等优异性状的材料 60 份，解决了羊草缺乏优异育种材料的问题。采用低温水处理等技术把成熟休眠种子的萌发率提高到 92%。

2. 选育了具有自主知识产权的羊草系列品种

中国科学院植物研究所针对羊草普遍存在的种子休眠性问题，创建了幼胚离体培养技术，人工培养授粉后 15 天的幼胚萌发率达到 100%，在此基础上建立了基于幼胚培养技术的高效育种程序，与常规育种程序相比，每轮有性世代的选择时间可以缩短 1 年，有效解决了羊草育种周期长的问题。培育出了'中科 1 号''中科 5 号'和'中科 7 号'羊草国审牧草品种，解决了羊草"抽穗率低、结实率低、发芽率低"的技术难题。

3. 羊草种子繁育基地和采种基地建设初具规模

目前，在黑龙江、吉林、辽宁和内蒙古已建立羊草种子繁育基地。其中中国科学院植物研究所与京都农业科技有限公司合作在内蒙古阿鲁科尔沁旗建设中科羊草种子繁育基地 1000 亩，在内蒙古开鲁县小街基镇建设羊草种子繁育基地 4800 亩，计划在开鲁县采取"公司+农户"生产模式建设羊草种子繁育基地 15 万亩。

4. 羊草品种及其配套技术推广应用已经取得实效

羊草品种选育科研机构以技术服务或技术授权使用的方式把新培育品种和良种繁育栽培及饲草加工等技术进行集成并转移给公司，建立种子繁育和不同类型生态修复的利用模式，进而形成国家、企业、行业标准。中科系列羊草品种现已在新疆、西藏、甘肃、宁夏、内蒙古、陕西、河北、河南、黑龙江及北京等地得到推广应用，形成了盐碱地改良、荒漠化土地治理、退化草地修复、毒害草治理、戈壁滩建植及林草结合种植等多种开发利用模式，具备了大面积推广应用的基础。

（三）积极推进饲草种植业

根据草牧业发展和当地水热资源条件，确定饲草种植发展方向，因地制宜推进饲草种植业。按照自然地理条件和资源承载力，推进优质苜蓿生产区、优质羊草生产区、优质燕麦生产区等生产区建设。在"镰刀弯"地区和农牧交错带，深入开展草牧业试验试点。农区要结合退耕还草、草田轮作等方式，大力发展人工草地，提高饲草供给能力。优化牧区、半农半牧区和农区资源配置，推行牧区繁育、农区育肥的生产模式，提高资源利用效率。

（四）稳步推进草产品加工业

深入挖掘草本植物药用及营养功能、食用功能、饲料添加剂和精油提取等特色功能。加强叶蛋白提取、膳食纤维加工以及食品添加物、医药原料、工业原料、农药原料的生产利用等精深加工技术的研究。发挥各地区比较优势，合理规划布局，形成牧草种子和牧草生产加工基地及绿色有机食品生产加工区。积极发展草产品加工，推动我国草业形成相对完整产业链，构建兼有社会、经济、生态和文化多功能的草业产业群，提高市场竞争力。

（五）加快发展草坪业

将草坪业作为国土绿化的重要产业来抓，努力提高城市环境绿化质量。强化低耗水、耐瘠薄草坪草育种和良种繁育工作，努力提高草坪草种国产化率。加强对草坪专用肥、专用农药及相关机械产品的研究开发，提高市场竞争力。加大草坪基础理论研究，因地制宜，适地适草，提高科研成果转化率。加强草坪病虫害防治等基础技术研究，建立完善的草坪养护管理技术规范。制定行业标准，明确不同地区、不同类型的草坪建植、管理技术规程，草坪种子质量标准，草坪肥料、农药、机械标准等，推动草坪业市场健康发展。

（六）高质量发展草原药用植物产业

根据中药材市场需求情况，推动建立当归、甘草、五味子等中药材生产基地，实现重要草原中药材种植规模化、市场化，降低对天然草原中药材的需求。挖掘民族医药文化，积极发展民族医药，建立蒙药、藏药、彝药、苗药、韩药等药用植物基地。应用现代生物技术手段，对珍稀、濒危的药用植物进行快速繁殖，以提高该类药用植物的产量，满足市场需求。

（七）大力发展草原旅游业

在加强草原保护、保持生态系统健康稳定的情况下，充分挖掘草原资源和草原民族民俗文化优势，积极推进草原旅游业发展，满足人民日益增长的优质生态产品的需要。深入开展草原自然公园建设，并以其为抓手在有效加强草原保护的基础上，科学合理利用草原资源，适度开展生态旅游，处理好保护与利用、生态效益与经济效益之间的关系，实现生态、社会、经济效益的有机统一。同时依托草原自然公园、国有草场等平台，打造一批精品草原旅游景区、度假地和旅游线路，推动草原旅游业和草原生态休闲观光产业发展。

（八）大力发展草原特色产业

开发草原健康食品、能源植物、编织等具有草原特色的产品，逐步形成草原地区特色产业（表 2-7）。

表 2-7　草原特色产业

序号	草原特色产业	产业发展思路
1	草原健康食品产业	依托草原地区优质优良生态环境，加强良种繁育，发展绿色畜产品养殖基地。鼓励企业、科研单位、个人积极参与野生生物资源的保护与建设，建立多元机制，实现产业化经营
2	能源植物开发产业	深入开展研究，挖掘具有生产和转化生物燃料乙醇、生物柴油等生物能源的草本植物，并开发利用好
3	造纸产业	深入挖掘和开发一些生长速度快、生产力高、纤维较发达的草本植物，发展特色造纸业
4	编织产业	深入挖掘和开发一些分布广泛，可用于作为编织材料的草本植物，利用这些植物材料发展编织业
5	草原野生花卉产业	深入挖掘草原野生花卉植物，进行有计划地开发和保护

六、支撑保障体系

坚持党的领导，全面协同推进林业、草原、国家公园融合发展，形成强大合力，确保草原治理体系落地生根，全面推进实施。

（一）加强组织领导

深入贯彻落实习近平总书记重要讲话及指示批示精神，并根据《关于加强草原保护修复的若干意见》《关于科学绿化的指导意见》，编制和实施全国草原保护、修复、利用等发展规划，将其作为推进生态文明建设、维护国家生态安全的基础性任务和重要抓手，完善组织体系，切实加强组织领导，高质量完成草原治理工作任务。地方各级林业和草原主管部门要强化相关责任，编制各专项建设规划，科学细化建设目标、重点任务和工程措施，明确工程组织形式、建管方式、责任任务等事项，并按照职能分工抓好落实，确保规划从蓝图变成现实。

（二）大力推行林（草）长制

大力推行林（草）长制，建立以林（草）长制为主体的党政领导保护发展林草资源责任体系，省、市、县、乡、村分级设立林（草）长。压实地方党委政府主体责任和属地责任，落实部门责任，加大草原监管力度，把草原工作摆在与林业、国家公园建设同等重要的位置，统筹研究，整体部署，协同推进。制定草原修复利用工作安排部署情况、草原保护修复利用规划编制情况、草原保护制度落实情况等定性考核指标，以及草原综合植被盖度、林草覆盖率等定量考核指标。将考核结果作为党政领导干部考核、奖惩和使用的重要参考，做到定责、履责、督责、问责环环相扣，形成闭环。

（三）加强基层人才队伍建设

落实生态保护修复和林业草原国家公园融合发展职责，加强人才队伍建设。进一步整合加强、稳定壮大基层草原管理和技术推广队伍，实现网格化管理，提升监督管理和公共服务能力。加强高素质专业人才培养，重点草原地区要强化草原监管执法，加强执法人员培训，提升执法监督能力。强化乡镇草原工作站职能，推进标准化建设，加强草原管护员队伍建设管理，提升基层草原执法队伍素质，推行综合执法，充分发挥人员作用。改善基层人员工作和生活条件，加强草原管护用房及水电路等设施建设，加大草原专业人才招收和引进，建立专业高效的基层机构队伍。

（四）完善资金政策制度

按照中央和地方财政事权和支出责任划分，将草原保护发展作为各级财政重点支持领域，切实加大资金投入。完善草原经营承包、巩固退耕还林还草、草原生态补奖等政策，逐步提高草原生态补偿标准，推动设立国家草原自然公园资金。加强乡镇草原工作站、管护用房等建设，补齐民生设施短板。鼓励和支持社会资本参与草原生态建设，建立多元化融资体系。运用减免税费、专项补贴、贷款贴息等政策优惠，支持建立草原生态保护修复项目示范机制。强化资金监管，规范资金使用。此外，各级政府要在政策创设、项目报批、用地保障等各方面给予充分支持，加快草原保护修复及利用等重点工程项目落地。

（五）实施科技创新战略

实行重大科技攻关"揭榜挂帅"制度，鼓励大专院校和科研机构聚焦国土绿化草（品）种选育扩繁、草原鼠虫害防治生物药剂研发生产、退化草原生态修复机械及人工草地建设机械研发生产等关键技术和装备的研发推广。加强草原科技创新平台建设，推进国家级重点实验室、生态系统定位观测站、国家长期科研基地、工程技术研究中心、自然教育基地、高质量标准体系等建设。加快科技创新人才培养，构建高素质人才队伍，加大领军人才引进力度。支持社会化服务组织发展，充分发挥草原方面学会、协会等社会组织在政策咨询、信息服务、科技推广等方面的作用。健全国际合作体系，深化交流合作，提升草原治理科技水平。

（六）营造良好社会氛围

大力宣贯习近平生态文明思想，弘扬草原优秀传统文化和红色文化，讲好草原故事，传承先进人物草原保护精神。加强科普宣传，将国家红色草原、草原自然保护区、草原自然公园、国有草场、草原野生动植物等作为普及生态文化保护知识的重要阵地，依托草原日、草原普法宣传月等活动，开展主题宣传，加强宣传推介，营造草原保护建设氛围。宣传都贵玛、布茹玛汗·毛勒朵、廷·巴特尔等先进典型人物，激励社会各界积极投身草原保护发展。积极宣传草原保护修复在生态文明建设中所起的重要作用，弘扬爱草、种草、护草的绿色发展理念，营造全社会关心支持草原保护建设的良好氛围。

第三章

草原休养生息

党的二十大报告提出，推动绿色发展，促进人与自然和谐共生。提升生态系统多样性、稳定性、持续性，加快实施重要生态系统保护和修复重大工程，实施生物多样性保护重大工程，推行草原森林河流湖泊湿地休养生息。

草原被放在推行五大生态系统休养生息的第一位，彰显了党中央对草原的重视，体现了草原生态系统的重要性和草原修复治理的迫切性。草原作为不可或缺的生态资源和至关重要的生产资料，是人类赖以生存的基本条件和经济社会发展的物质基础，必须保护优先、用养结合、永续利用。但长期以来，对草原的过度开发与索取，超过了生态系统自身的恢复能力，草原生态系统平衡被打破，导致草原面积减少、生态退化、生产力下降，草原生态系统结构和功能受到不同程度损害，已经危及草原资源永续利用和生态安全，迫切需要降低开发利用强度，通过休养生息促进其尽快恢复元气，恢复草原生态空间，促进草原生态健康和生产力提升。

草原退化是复合因素作用下长期透支的结果，恢复草原健康也是一个长期的过程，要按照草原生态系统变化的内在机理和演替规律，综合治理。草原休养生息，要以保障草原生态安全、实现草畜平衡和草原资源永续利用为目标，通过"禁""休""轮""控""种"等综合措施，建立以基本草原保护制度、草原承包经营制度、禁牧休牧轮牧制度、草畜平衡制度、草原监测评价考核制度为主体的草原休养生息制度体系，在节约集约利用的基础上，加强草原保护管理，结合草原保护修复工程措施，促进草原生态恢复，形成草原保护利用的长效机制，持续改善草原生态环境，更好地发挥其生态服务功能，提高草原对经济社会发展的保障能力。

第一节　草原休养生息的重要性和迫切性

草原是我国面积最大的陆地生态系统，是我国陆地生态系统的主体，是我国重要的江河源头区和水源涵养区，是"山水林田湖草沙"生命共同体的基础，但同时也是统筹推进生态系统治理的明显短板，加强草原生态文明建设事关我国生态文明建设大局。

一、草原生态依然脆弱

随着人口增加，草原自然资源承受着越来越大的开发压力。草地开垦、过度放牧、滥采乱挖等人为因素与气候干旱等自然灾害因素交织作用，草原面积急剧减少，牲畜数量大量增加，草原不堪重负，出现了严重的退化。20世纪90年代末至21世纪初，我国有90%的草原出现了不同程度的退化。近年来，虽然经过艰苦努力，实施了一系列生态保护工程，总体上遏制了草原持续退化的趋势，局部改善明显（图3-1），但草原生态脆弱的形势依然严峻，还有70%的草原存在不同程度退化、沙化；10亿亩已治理草原的生态系统依旧脆弱，效果亟须巩固。从重点生态功能区看，青藏高原70%以上的草原存在不同程度退化，严重威胁"亚洲水塔"生态功能；黄河源区草地沙化面积超过2500万亩，约占黄河源区土地总面积的13.8%；黄河第一湾草原退化率已近90%，区域内黄河干流径流量减少17.9%；内蒙古中西部草原沙化严重，东部及东北部地区草原面积较20世纪80年代减少近28%，且90%以上处于退化状态。全面推进草原生态保护修复，系统改善各类草原生态状况，筑牢生态安全屏障，已经刻不容缓。

图 3-1　草原上围牧的牲畜及牧草

二、草原质量亟待改善

草原退化不仅导致草原数量的变化，还造成草原质量的下降，主要表现在植物群落结构发生改变和生产力水平降低，即草群中优良牧草的种类和数量大幅度减少，有毒、有害及不可食的植物种类和数量增多，草群平均高度和覆盖度下降；草原的单位面积产草量大幅度降低。

草原退化是草原生态系统在其演化过程中、在人类活动与自然条件的共同作用下结构特征与功能过程的恶化，即植物、动物与微生物群落及其赖以生存的环境的总体恶化。退化草原的植物种类组成和结构发生明显变化，从稳定的、功能较强的多层结构演化为欠稳定的、功能较弱的单层结构，生物多样性降低，植物群落的结构、高度、盖度以及外貌等明显劣化，优质的、可饲的豆科、禾本科、菊科等牧草减少，不可饲、劣质、有毒、有害的毛茛科、大戟科等植物滋生蔓延，植物群落呈现小型化与矮化特征，其高度与盖度大大降低。目前，内蒙古草原已发现有毒、有害植物 50 多种，青海草原大量出现的毒草有 20 多种。有毒、有害植物的蔓延，不仅消耗土壤的养分和水分，妨碍优良牧草的生长发育，而且经常造成牲畜中毒甚至死亡，给畜牧业带来严重的危害。轻度退化草场可食牧草产量减少 20%~40%，植被覆盖度减少 20%；中度退化草场可食牧草产量减少 40%~60%，植被覆盖度减少 20%~50%；重度退化草场可食牧草产量减少 60% 以上，植被覆盖度减少 60% 以上。重度退化草原植物群落平均高度仅相当于未退化草原植物群落平均高度的 1/5 左右。退化草原的生物多样性降低甚至丧失，许多珍稀植物与名贵动物消失或大大减少，如内蒙古锡林郭勒典型草原的单花郁金香消失，口蘑、黄花苜蓿等变得十分稀少；黄羊基本消失，百灵鸟、猛禽明显减少。

三、草原生态功能亟待恢复

草原退化导致其生态服务功能显著下降。草原退化导致植被对二氧化碳的吸收能力降低，增强了大气的温室效应。受草原生态环境变劣的影响，草原地区有些动植物物种正在消失或减少。草原的退化导致植被覆盖度和初级生产力降低、碳循环源-汇关系失调、气候调节能力下降、土壤养分和水分保持能力下降、河流干涸、湖泊萎缩、生物多样性降低，以及鼠虫害、沙尘暴等自然灾害频繁发生，直接威胁国家生态安全（图 3-2）。

草原退化促进了草原的干旱化进程。例如，与 20 世纪相比，内蒙古降水减少 102mm、锡林浩特市减少 84mm、巴彦浩特镇减少 59mm，而年平均气温分别上升 1.0℃、1.4℃ 和 0.9℃。由于降水减少、气候干燥造成河水断流。

草原退化、沙化面积的不断扩大，导致年均大风日数明显增加，每遇大风天气，风给沙势，沙助风威，往往就形成沙尘天气甚至沙尘暴，对草原地域的人、草、畜以及京津和三北等地的生态安全构成严重威胁。有关资料表明，我国的沙尘暴与沙尘天气很大部分源自草原退化、沙化最严重的西北地区，严重退化、沙化的草原（其实原来是草原）已成为沙尘暴的发源地。内蒙古草原牧区沙尘暴与沙尘天气，1950—1990 年，平均每两年发生一次；1991 年以后几乎每年发生多次，如 1998 年在 40 天内连续发生 6 次，2000 年发生 13 次。2001 年，我国发生了 32 次沙尘暴，其中 14 次源起于内蒙古地区。退化、沙化草原的地表虚土层因干旱与强风力的作用每年流失 1cm 左右，大量的氮、磷、钾等营养物质也随之流失，如锡林郭勒盟每年每公顷草原流失氮 1.19kg、磷 0.22kg，近 30 年来，该盟草原的有机质含量下降了 1/2，严重制约着草原生态经济系统的生态功能与经济功能的发挥。

图 3-2　退化草原

四、草原生产功能亟待提升

草原退化使得草原的第一性生产力及第二性生产力水平降低。全国草原产草量下降了 30%~60%，每头家畜的产品产量也有明显降低。我国单位面积草原的畜产品产量不足美国、新西兰等国家的 5%，单位面积草原的产值仅相当于美国的 1/20、澳大利亚的 1/10、荷兰的 1/50。20 世纪 80 年代与 20 世纪 50 年代相比，我国北方草原牧区在纯放牧条件下，平均每头牛的体重减轻 25~50kg，平均每只羊的体重减少 2.5~5kg。青藏高寒草原产草量减少 30%~50%，牦牛、藏羊的活重也减少了 30%~50%。新疆草原产草量减少了 30%~50%，这导致新疆 37 个牧业与半牧业县载畜能力由 20 世纪 80 年代末期的 2261 万个羊单位减少到近几年来的 1392 万个羊单位。内蒙古草原产草量降低了 40%~70%。20 世纪 50 年代平均鲜草产量 1711.80kg/hm²，20 世纪 80 年代平均鲜草产量 1068.75kg/hm²；20 世纪 50 年代内蒙古草原载畜能力为 8700 万个羊单位，20 世纪 80 年代降到 5800 万个羊单位，21 世纪初降到 3500 万个羊单位。2013 年内蒙古天然草原生产力为 968.10kg/hm²，较 20 世纪 80 年代下降了 9.42%；2013 年草原植被平均覆盖度为 44.10%，较 20 世纪 80 年代降低了 0.44%；且一年生植物比例较高，其中锡林郭勒盟草原一年生牧草所占比例较 20 世纪 80 年代增加 4.73%，草原生产力、覆盖度和多年生植物比例均未恢复到 20 世纪 80 年代的水平。

草原退化制约了草原牧区畜牧业发展。我国主要牧区牧民收入以传统的草地畜牧业为主，收入来源较为单一，增长缓慢。调查显示，2000—2016 年我国牧民人均纯收入增长了 152.3%，远低于同期农区居民纯收入的增长幅度（人均增长率为 435.2%）。2017 年，我国西藏、内蒙古、新疆、青海、甘肃、四川六大牧区的牧民人均收入比全国农民的人均收入低。分析原因发现，草地退化是限制牧民增收的重要因素。

五、草原修复任重道远

从退化的本质与植物特征来看，草原退化是一个由量变到质变的发展过程，表现为草原生态系统的物种个体、种群特征、群落组成和群落环境发生着不同程度的演变，并在某一阶段占主导地位。这是一个由高级到低级逆向演替的过程。

量变阶段在退化驱动力的胁迫下引起草地产量下降、植被高度降低，但群落中各物种地位不发生本质改变，主要体现在群落高度、盖度等数量特征的降低及产量的少量下降；而这种变化是短暂的、非本质的，一旦胁迫解除即可恢复。此阶段也是治理退化草地最容易的时期，但也是最不易察觉的时期。

在量变阶段的基础上，退化驱动力的强度和持续时间继续加强，群落中原有优势种的优势地位显著降低，对胁迫敏感的物种会发生密度及覆盖度上的变化，伴生种、侵入种的种群密度相继增加。此阶段群落极其不稳定，物种多样性相对较高，群落中植物的生活型发生较大改变，潜在恢复能力较强。不同区域或不同草地类型的植物种群总体数量特征因自身的差异性而呈现上升或下降趋势。

随着干扰的持续、破坏性进一步累积到一定程度后，草地退化进入质变阶段，即群落发生改变，群落优势种基本被耐胁迫性较强的物种取代，草地植物饲用品质发生劣变，突出地反映在茎叶比的下降及茎秆木质化的加强。该阶段的特点是干扰具有持续性，作用时间较长，系统自身抵抗力逐渐丧失；群落第一性生产力严重下降，物种组成趋向简单，存在物种多样性丧失的风险，气候波动可能会引起系统的崩溃，草地恢复具有一定的难度。

草地退化是整个草地生态系统的退化。从生态学角度而言的草地植被退化，是草地生态系统背离顶极的一切演替过程（逆行演替）；而从草地经营角度而言的草地退化，则是指草地生产力降低、质量下降和生境变劣等。这一切都是不利于草地生产的演替过程。对于人工草地而言，在停止放牧或管理措施不当而向自然植被恢复演替中出现大量无饲用价值的杂类草，是草地退化演替，但却是生态恢复演替。所以，草地退化是一定生境条件下的草地植被逆行演替阶段，表现为现在情况下较顶极植被（偏途顶极植被）的质量和可食产量的下降，致使草地的利用价值降低和生境条件变坏。

退化草原生态系统自我调控的相对稳定受到了破坏，要恢复草原生态平衡，由低级向高级的能量固定和物质相互转化，实现正向演替，这是一个长期的过程。推行草原休养生息，既要有刻不容缓、"等不得"的紧迫性，也有"急不得"、久久为功的定力。

第二节   草原休养生息的主要措施

草原生态系统是一个"人—草—畜"和周围环境组成的复合生态系统，其演替是一个动态过程，只要外界干扰不超过生态系统恢复的阈值，退化生态系统就能自然恢复（图3-3）。因此，除了已经超过阈值且无法自我修复的重度退化草原需要进行人工修复重建草原生态系统外，大部分中度和轻度退化草原，只要通过控制放牧等措施排除负面的干扰因素，就能促进草原恢复。为了加速恢复过程，也可以通过适度人工干预措施。目前，主要采取"禁""休""轮""封""种"等措施，推行草原休养生息，促进草原尽快恢复元气。

图3-3 自然修复后的草原

一、禁   牧

对生态极为脆弱、退化严重、不宜放牧以及位于大江大河水源涵养区、自然保护地和生态红线内禁止生产经营活动的草原实行禁牧封育，将退化、沙化、盐碱化、石漠化草原列入禁牧范围。依据《休牧和禁牧技术规程》，对草原实行一年以上禁止放牧利用，科学布局草原围栏，鼓励开展舍饲化养殖，积极推进人工种草，促进草原畜牧业由天然放牧向舍饲半舍饲转变，实现禁牧不禁养。完善禁牧制度，禁牧区草原不再"一禁了之"，对经过禁牧休养草原生态确实得到恢复的，为了保护草原生物多样性，可以进行保护性打草。科学调整禁牧区域，生态系统已经稳定，达到解禁标准的，可以调整为草畜平衡区，兼顾草原生态、生产双功能。到 2025 年，草原禁牧面积控制在 12 亿亩左右。到 2030 年，建立科学规范的草原禁牧制度。

二、季节性休牧

根据当地气候条件、牧草生长规律和生产利用方式开展季节性休牧，为草原返青、繁育留足时间。结合当地气象条件、牧草物候期科学确定季节性休牧的具体区域和期限（图 3-4），并及时向社会公布。休牧期草原管理要同禁牧期管理执行同等的标准。到 2025 年，在全国主要草原牧区建立较为完善的季节性休牧制度。到 2030 年，建立科学稳定的季节性休牧制度。

图 3-4　草原休牧区

三、划区轮牧

根据草原资源状况和牧草长势情况，通过充分利用草原生长旺季的高营养特性，科学地将草原放牧场划分为若干区（图3-5），鼓励农牧民按照放牧单元进行科学放牧，进行季节性、区块性的集约式放牧，用养轮换，改善植物生存环境，促进草原植被生长和发育。到2025年，在全国主要草原牧区基本建立科学的划区轮牧制度。到2030年，建立稳定的草原划区轮牧制度，全国天然草原利用方式以划区轮牧为主。

图3-5　草原轮牧区

四、草原封育

　　草原生态系统是一个自组织系统，具有自我调节能力，对于轻度、中度退化的草原，生产力尚未受到根本破坏时，采用草地围栏封育即可起到明显效果。草地围栏封育也称封滩育草，就是把草地暂时封闭一段时期，在此期间不进行放牧或割草，使草地植被有一个休养生息的机会。要充分考虑草原类型特点和功能需要，尊重农牧民意愿，科学划定草原封育区域（图 3-6）。要充分考虑生态系统的完整性，整体规划草原围栏建设。天然草原的围栏封育可防止随意抢牧、滥牧的无计划放牧。草原封育后，由于消除了家畜过牧的不利因素，草地植物能贮藏足够的营养物质，进行正常的生长发育和繁殖。一些优势植物开始形成种子，群落的有性繁殖功能增强。特别是优良牧草，在有利的环境条件下，恢复生长迅速，增加了与杂草竞争的能力，不但能提高草原产草量，还能改善草原的质量。

图 3-6　草原封育区

五、人工种草

　　坚持适地适种、良种良法，在水、热、地形等自然条件适宜的地区，开展人工种草，为养而种、草畜配套，减轻天然草原的放牧压力，夯实草牧业发展基础，确保草牧业健康可持续发展。在保障草原水循环系统平衡的前提下，严格限制抽取地下水灌溉建设人工草地（图 3-7），以缓解草畜矛盾带来的草原生态安全问题，加快推进草原畜牧业转型升级，缓解草地资源环境压力，最终实现草原牧区草牧业发展与饲草供应、自然资源禀赋相匹配。

图 3-7　人工种草

第三节　草原生态保护补助奖励政策

　　草原生态保护补助奖励政策，是在草原地区实施禁牧补助和草畜平衡奖励。全面建立草原生态保护补助奖励机制，是党中央、国务院统筹我国经济社会发展全局作出的重大决策，是加快草原保护，建设草原生态文明的重要举措。

这是中国草原史上最大的生态惠民政策，也是在全世界范围内少见的草原生态保护和牧民帮扶举措，是中国共产党"立党为公、执政为民"的具体体现。

一、基本情况

自 20 世纪 80 年代，草原畜牧业发展迅速，牲畜数量快速增长，草原超载过牧、过度开发利用，导致了草原退化严重、生态形势十分严峻，到 21 世纪初退化面积已达 90%。为促进草原生态稳步恢复和牧区经济可持续发展，不断拓宽牧民增收渠道，2010 年国务院常务会议决定实施草原生态补奖政策，主要内容为：对生存环境非常恶劣、草场严重退化、不宜放牧的草原，实行禁牧封育，中央财政对牧民给予禁牧补助；对禁牧区域以外的可利用草原，在核定合理载畜量的基础上，中央财政对未超载的牧民给予草畜平衡奖励。其目的是，按照坚持生态优先、以人为本和统筹兼顾的指导思想，在开展草原生态保护建设中，稳步提高牧民收入，保障和改善牧区民生。在实现草原科学利用中，推动转变畜牧业发展方式，增强畜牧产品生产和供给能力。在落实草原生态补奖政策中，推进生态效益、经济效益和社会效益的协调统一，不断促进牧区经济社会又好又快发展，努力建设生态良好、生活富裕、经济发展、民族团结、社会稳定的新牧区。

（一）第一轮草原生态补奖资金投入情况

2011—2015 年，第一轮草原生态补奖中央财政资金累计 763.64 亿元，包括禁牧补助 372.12 亿元、禁牧面积 12.4 亿亩，草畜平衡奖励 195.38 亿元、面积 26.05 亿亩，生产资料综合补贴 63.51 亿元，牧草良种补贴 57.84 亿元，绩效考核奖励资金 74.79 亿元。其标准为禁牧补助每亩每年 6 元，草畜平衡奖励每亩每年 1.5 元，生产资料综合补贴每户 500 元，5 年一个周期。

（二）第二轮草原生态补奖资金投入情况

2016—2020 年，第二轮草原生态补奖中央财政资金累计 938.05 亿元，包括禁牧补助 452.4 亿元、禁牧面积 12.06 亿亩，草畜平衡奖励 325.7 亿元、面积 26.05 亿亩，绩效考核奖励资金 159.95 亿元。第二轮草原生态补奖政策对实施标准和执行内容情况进行了调整，取消了生产资料综合补贴和牧草良种补贴，禁牧补助标准由每亩每年 6 元提高到 7.5 元，草畜平衡奖励标准由每亩每年 1.5 元提高到 2.5 元。

（三）第三轮草原生态补奖情况

2021年8月，财政部、农业农村部和国家林业和草原局联合印发《第三轮草原生态保护补助奖励政策实施指导意见》，围绕新时代"加强草原保护管理，促进草原合理利用，改善草原生态状况，推动草原地区绿色发展"这一任务目标，明确"十四五"期间，国家继续实施第三轮草原生态补奖政策，并增加了资金投入，扩大了政策实施范围。

二、基本原则

（一）保护生态，绿色发展

遵循创新、协调、绿色、开放、共享的发展理念，坚实"生产与生态有机结合、生态优先"的基本方针，全面推行各项草原管护制度，保护和恢复草原生态环境，夯实牧区经济社会可持续发展基础。

（二）权责到省，分级落实

坚持补奖资金、任务、目标、责任"四到省"，逐级建立目标责任制，分解任务指标。完善政策落实工作机制，建立健全绩效评价制度，加强资金管理和监督检查，确保资金任务落实到位。

（三）坚持政策实施全程透明

坚持政策实施全程透明，做到任务落实、资金发放、建档立卡、服务指导、监督管理"五到户（项目单位）"，保证政策落实公平、公正、公开，切实使政策成为社会认同、群众满意的德政项目和民心项目。

（四）因地制宜，稳步实施

尊重客观实际，坚持分类指导，因地制宜制定政策实施方案。科学合理确定补奖标准以及封顶、保底标准。第一轮实施禁牧的草原植被达到解禁标准可转为草畜平衡区的，要由省级行业主管部门重新核定。

三、主要做法和经验

我国草原广袤，草原牧区自然条件、社会经济状况各异，为保障草原生态补奖政策顺利实施，从中央到地方各级政府部门采取了一系列的措施，保护草原生态，促进草原畜牧业转型升级、农牧民增收，赢得了牧区干部群众的拥护和支持，草原生态补奖政策被当地干部群众亲切地称为"民心工程""德政项目"。

（一）加强组织领导，明确政策目标和方向

各省份高度重视草原生态补奖政策落实工作，全面安排部署做好政策研究，出台了落实草原生态补奖政策实施方案，保障实现生态保护和牧民增收双赢。内蒙古成立了以自治区主席为组长的工作领导小组，先后制定下发了《内蒙古自治区草原生态保护补助奖励政策实施指导意见（2016—2020年）》《内蒙古自治区草原生态保护补助奖励政策实施方案（2016—2020年）》，进一步明确了任务目标、基本原则、政策内容及工作要求。新疆组织成立了由畜牧、财政、审计、国土、环保、林业等部门领导为成员的新一轮草原生态补奖政策领导小组，从组织上保证了工作的有序开展。黑龙江为保障补奖机制的规范实施，省畜牧和财政两厅（局）联合相继出台了《黑龙江省牧区草原生态保护补助奖励机制实施方案》等7个政策性文件。

（二）因地分类施策，创新补奖政策落实机制

根据草原生态补奖政策实施指导意见的要求，13省份积极创新草原生态补奖政策落实工作机制，将任务资金和责任要求逐级细化到乡镇、村组、草场和牧户。采取了分区分类实行差异化的禁牧补助和草畜平衡奖励标准、政策封顶和保底相结合等措施，既避免了补贴过高"垒大户"，又防止了补贴太低影响牧民生产生活。内蒙古按"标准亩"测算计发各盟市补奖资金，实现了区域间平衡，同时也为各盟市进一步分解资金提供了依据。甘肃、青海、新疆等省份在国家补奖标准基础上，采取"差异化"补偿标准，制定了以质定标、优质优补的差异化补偿标准。

（三）落实属地责任，完善政策绩效评价

各省份加强财政支出管理，增强绩效观念，推进"全方位、全过程、全覆盖"的预算绩效管理体系建立，提高财政资金使用效益，完善考核激励机制，进一步调动各级部门干事创业的积极性。内蒙古、西藏等8省份实施禁牧补助、草畜平衡奖励和绩效评价奖励。河北、辽宁等5省份实施"一揽子"政策和绩效评价奖励，补奖资金可统筹用于国家牧业半牧业县草原生态保护建设。四川省把草原生态补奖政策实施纳入全省重点民生工程目标督查考核内容，农财两厅与甘孜、阿坝、凉山三州政府签订了目标责任书，加强对州县的督促，确保目标任务的完成。青海省正在实施草长制试点，将禁牧、草

畜平衡政策的落实作为考核地方各级政府生态保护责任的重要内容。

（四）加强舆论宣传，营造良好社会氛围

各级草原管理部门通过报刊、电视、广播等传统媒体，以及微信、微博等新媒体，全方位、多角度、立体式地宣传草原生态补奖政策，切实提高引导舆论的能力，将草原保护通过媒介作用，置于社会舆论的关注和支持之中。草原监管人员利用普法宣传、巡护管护等方式，加大草原生态补奖政策的宣传力度，确保这一重大惠牧利民举措"入村入户，入脑入心"。新疆连续四年在自治区人民广播电台黄金时段，以汉、维、哈、蒙、柯等5种语言宣传草原生态补奖政策。云南开展了"依法保护草原，建设美丽云南"为主题宣传活动，将政策的主要内容编制成图文并茂、通俗易懂的宣传册（画）发放给群众，努力把云南草原打造成南方草原建设"标杆"。

案例 3-1　迪庆草原

云南省迪庆藏族自治州位于云南省西北部、青藏高原南延横断山脉腹地，位于云南、四川、西藏三省份交界处，地处我国第一阶梯青藏高原向第二阶梯云贵高原过渡的横断山地。特殊的地理条件形成了迪庆无与伦比的自然景观，有白雪皑皑的雪山，水草丰美的草地，浩瀚的森林，纵横的溪流，蕴藏着极为丰富的资源。

草原是迪庆州的重要自然资源，迪庆境内共有草地面积61万 hm²，占全州国土总面积的18.8%。其中可利用草地42万 hm²。迪庆草原不仅是云南省最大的天然牧场，而且是迪庆州陆地生态系统和"香格里拉"旅游景区的重要组成部分。

迪庆草原类型丰富多样，根据地域、气候、植被可分为高寒草甸类、灌丛草甸类、林间草甸类、疏林草甸类、山地灌丛草场和沼泽草甸类6大类型，其中高寒草甸和山地灌丛草原是迪庆草原组合类型中分布最广、面积最大的草原，分别占草原总面积的39.6%和26.3%。

迪庆草原有草本牧草55科243种，在天然草原上有药用植物160科867种，野生花卉1578种，种子植物4600种。在每年5~8月，迪庆草原水草茂盛、百花齐放、牛羊成群，草原成为香格里拉一道亮丽的风景线，那帕海、碧塔海、属都湖等天然牧场都已被划定为生态自然保护区。

依拉草原是迪庆香格里拉最大最美的草原，总面积达13km²。依拉草原的独特之处在于，它与纳帕海实为一体，是一个季节性的草原湿地。每当雨季来临，香格里拉周边的奶子河、纳曲河、旺曲河水注入纳帕海，湖水面大幅上涨，草原被淹没，最大时水面可达上千公顷，此时就成了"纳帕海"。而当雨季过去，湖水位下

降，露出大片湿地，就又变成了依拉草原。依拉草原水分充足气候湿润，每年5月之初，这里便已是绿草蔓蔓。而到了6月，遍地野花竞相开放，尤其以杜鹃花海与油绿的青稞田野交织绵延而闻名。

四、主要成效

草原生态补奖政策实施以来，草原生态持续恢复，草原畜牧业生产方式不断转变，农牧民收入持续增长，草原利用无序、开发无度、严重过牧的状况得到扭转。草原禁牧休牧轮牧和草畜平衡制度全面推行，全国草原生态总体恶化的趋势得到遏制。牧区畜牧业发展方式加快转变，牧区经济可持续发展能力稳步增强。牧民增收渠道不断拓宽，牧民收入水平稳定提高。初步实现了政策目标，草原生态安全屏障初步建立，牧区人与自然和谐发展的局面基本形成，开启了草原休养生息的新时代。

（一）草原生态加快恢复

全国近 12.1 亿亩草原通过禁牧封育得以休养生息，26.1 亿亩草原通过季节性休牧轮牧和减畜初步实现草畜平衡，草原承载压力显著降低，草原涵养水源、保持土壤、防风固沙和维护生物多样性等生态功能得到恢复和增强。监测结果显示，13 个省份草原综合植被盖度呈显著性增长趋势。

（二）草原生物多样性明显增加

草原植被的恢复和承载压力的下降，为珍稀野生动物提供了更多的栖息空间。内蒙古草原禁牧区的草品种数量，由政策实施前的每平方米 8 种增加到目前的 12 种，草畜平衡区从 12 种增加到 46 种。根据第三方综合评估情况，2019 年青海三江源草地整体退化的趋势得到遏制，野生动物种群明显增多，藏羚羊的数量由 20 世纪 80 年代的不足 2 万只恢复到 7 万多只。

（三）牧民收入持续增加

草原补奖政策资金直接发放到户，享受政策的农牧民基本生产生活有了托底保障。总体情况看，13 个实施草原补奖政策省份的农牧民每年人均得到补奖资金 700 元，户均增加转移性收入近 1500 元，特别在青海等省份的一些贫困县，草原生态补奖政策收入占比更高，占到牧民收入的 65%。第二轮草原生态补奖政策实施以来，每年 155.6 亿元资金中有 95.7 亿元落实到贫困县，为草原牧区的脱贫攻坚作出了巨大贡献。

（四）草原畜牧业综合生产能力逐步提高

在落实禁牧和草畜平衡制度的同时，牧区因地制宜开展人工种草，大力发展舍饲半舍饲圈养，促进草原畜牧业转型升级。在半农半牧区，许多农牧户通过种植优质牧草，大力发展舍饲圈养，通过科学规划畜群结构、放牧时间，少养精养，降低了天然草原载畜压力，不断提升草原畜牧业综合生产能力。草原超载过牧的现象得到有效缓解，全国重点天然草原平均牲畜超载率从 2011 年的 28% 下降到了 2019 年的 10.1%，下降了 17.9 个百分点。

第四节 政策保障措施

一、巩固和完善草原承包经营制度

坚持"稳定为主、长久不变"和"责权清晰、依法有序"的原则，积极稳妥推进完善草原承包经营制度，明确所有权、使用权，稳定承包权，放活经营权，提升草原资源集约经营管理水平，提升草原资源增效能力。分类落实草原承包经营制度，积极培育国有草场、家庭牧场、合作社等新型经营主体，鼓励发展适度规模经营，发展壮大草业社会化服务组织，引导和鼓励农牧民按照放牧系统单元实行合作经营。

二、健全基本草原保护制度

按照《草原法》和国务院办公厅印发的《关于加强草原保护修复的若干意见》要求，把维护国家生态安全、保障草原畜牧业健康发展所需最基本、最重要的草原划定为基本草原（图3-8），明确将生态保护红线内、各类自然保护地内和具有重要生态功能的草原均需划入基本草原的要求，建立完善在基本草原上开展各类活动的负面清单，实施更加严格的保护和管理，研究推动将基本草原面积和质量作为国土空间规划约束性指标并实行占补平衡制度，确保基本草原面积不减少、质量不下降、用途不改变。

图3-8 基本草原保护区

三、继续实行草畜平衡和禁牧、休牧、划区轮牧制度

国家继续对草原实行以草定畜、草畜平衡制度，各地定期核定草原载畜量，采取有效措施防止超载过牧，草原承包经营者要均衡利用草原，实行划区轮牧制度，对严重退化、沙化、盐渍化、石漠化的草原和生态脆弱区的草原实行禁牧、休牧制度。加强草原围栏等基础设施的管护，推进草原畜牧业生产方式转型发展，加强农牧结合，形成牧区繁育、农区育肥的生产格局，实现牧区生态、牧业生产和牧民生活协调发展。依托第三轮草原生态补奖政策实施，切实做好草原禁牧和草畜平衡区优化调整、草原禁牧管理、草畜平衡制度落实、基础信息共享互通等工作。以林草湿生态综合监测评价为基础，建立健全草原生态健康评价考核和承载能力预警机制，建立健全禁牧休牧、草畜平衡激励约束制度，调动农牧民参与草原保护的积极性、主动性。

四、完善草原生态保护补助奖励政策

继续和扩大实施下一轮草原生态补奖政策，十分迫切和重要。2021年11月，国家林业和草原局、农业农村部联合印发《关于落实第三轮草原生态保护补助奖励政策切实做好草原禁牧和草畜平衡有关工作的通知》，进一步明确了监管要求。

（一）优化调整草原禁牧和草畜平衡区

要求各地结合实际科学划定禁牧区，明确划定原则、标准和范围。积极开展草原动态监测，科学评估草原生态和生产力状况，对前两轮实施禁牧的草原植被恢复达到解禁标准的，要及时转为草畜平衡区，退化、沙化明显的草畜平衡区要及时调整为禁牧区。通过优化调整草原禁牧区和草畜平衡区，实现对草原科学有序利用，在有效保护草原生态的同时，兼顾农牧民发展生产的权益。

（二）认真做好草原禁牧管理

要求各地根据本地区实际情况，采取有力措施，切实加强禁牧管理。强化草原禁牧监管，加强执法巡查，落实监督检查责任，确保真禁牧、禁得下、管得住。强化政策宣传，要求农牧民在享受补奖政策的同时，落实草原禁牧责任，履行草原保护义务。积极协调当地立法部门，加快推进相关法规规章

制度，为落实和完善禁牧制度提供法律保障。

（三）扎实推进草畜平衡制度落实

要求各地研究制定符合本地区实际的草原载畜量标准，指导农牧民有效开展草畜平衡管理，推动和规范草畜平衡制度落实。并探索通过草原生态状况来评估草原放牧利用状况，作为判断是否超载过牧的依据。通过以草定畜，调动农牧民落实草畜平衡制度和自觉性、主动性，保持天然草原科学适度放牧。进一步加强草牧业基础设施建设，推动草牧业生产转型，为更好地设施季节性休牧和划区轮牧奠定基础。

（四）建立草原禁牧补助和草畜平衡奖励资金发放与落实责任相挂钩的机制

加强基础信息共享互通。建立工作协同机制和信息共享机制，强化协调配合，共同落实好草原生态补奖政策。继续实施绩效考核奖励机制，将禁牧、草畜平衡任务落实情况与补奖资金兑现挂钩，开展牧民任务落实情况考核评价，从生态、生产和生活等方面科学设定绩效指标，对工作突出、成效显著的地区给予资金奖励，由地方政府统筹用于草牧业发展及政策落实的基础性工作。

五、建立草原监测评价考核制度

以草原定期监测评价结果为基础，建立草原资源与生态评价制度和草原资源环境承载能力预警机制，对领导干部实行自然资源资产离任审计、生态环境损害责任终身追究以及生态环境损害赔偿等制度。建立健全并严格执行草畜平衡激励约束制度，调动农牧民参与草原保护的积极性。加强人工草地等涉及草原保护与植被恢复建设项目的前期论证，严格限制抽取地下水灌溉的人工草地建设，避免造成新的草原生态损害。

第四章

草原保护修复

生态系统保护修复是生态文明建设的主要任务和基本要求，是建设美丽中国的重要途径。加强草原保护修复，推行草原休养生息，维持草畜平衡，保持草原生态系统健康稳定，提升草原"三生"功能，已成为草原治理工作的重心。必须认真贯彻落实党中央关于草原工作的重大决策部署，运用习近平生态文明思想指导好草原工作，站在"五位一体"总体布局高度，加强顶层设计和系统谋划，从体制机制和政策措施上采取更加有力的措施，全方位推进林业、草原和国家公园融合发展，扎实推进草原工作，加快补齐短板，不断提升草原治理体系和治理能力现代化水平，推动草原地区绿色发展，为建设生态文明和美丽中国贡献草原力量。

第一节　草原保护修复概述

草原保护修复的主要任务是扩大草原数量，提升草原质量，增强草原的生态和生产功能。要采取"全面保护、重点修复、分区施策、系统治理"的原则，因地制宜，精准实施。对于未退化草原，保护优先，用养结合；对于轻度和中度退化草原，休养生息，自然恢复；对于重度退化草原，实行人工种草改良。

一、取得成效

党的十八大以来，我国草原定位发生历史性转变，草原生态保护修复制度体系不断健全，草原生态修复进程明显加快，草原生态环境持续恶化势头得到初步遏制，草原生态功能得到恢复和增强，草业发展取得长足进步，为保障国家生态安全、粮食安全和全面建成小康社会发挥了重要作用。特别是重点生态功能区、国家重点战略区、国家公园区、重点生态修复区的草原保护修复工作，取得了明显的成效。

二、主要问题

由于我国草原大部分处于生态脆弱地区，自然条件严酷，草原生态系统脆弱，生态承载力和容量不足，经济发展带来的生态保护压力依然较大，草原资源约束趋紧，草原自然灾害、生物灾害仍然存在隐患。草原生态保护形势依旧严峻，处在逆水行舟不进则退的关键时期。长期以来，人们对草原一味地索取，使草原得不到休养生息，草原生态极其脆弱。大量优质草原被开垦为耕地，剩下的草原也面临超载过牧的威胁，不合理的利用和干扰以及气候变暖、水平衡紊乱等因素，导致草原生态严重退化。与 20 世纪 80 年代相比，21 世纪初，我国 90% 左右的天然草原出现不同程度的退化，中度和重度退化约占 30%。目前，全国还有 70% 草原存在不同程度退化，中度和重度退化面积约占 1/3，草原生态质量和稳定性不高，局部草原仍存在退化趋势，已经修复的草原也亟须巩固成果。草原超载过牧问题依然突出，实现草畜平衡的压力很大，部分地区家畜超载严重。草原生态环境恶化，不仅制约着草原畜牧业发展，影响农牧民收入增加，而且直接威胁国家生态安全，草原生态环境已成为国家生态安全的薄弱环节。

社会对于草原在生态、生产、文化等方面功能地位的认识还不足。草原保护与开发的矛盾突出，"重粮轻草""重林轻草"思想普遍，工业化、城镇化发展挤占草原空间问题仍较普遍，违法违规征占用草原、开垦草原、破坏草原植被的现象尚未得到根本遏制。草原资源详细情况不清，难以支撑草原精细化管理，草原监督管理面临较大挑战。草原政策法规有待完善，一些制度规定比较陈旧，明显不适于当前草原保护管理工作的需要。草原监管能力十分薄弱，多数地方乡镇草原监管机构和执法队伍仍是空白。

草原科技人才缺乏，科技创新能力不足，草原科学研究相对薄弱，我国草原科技贡献率远低于农业同期水平，与国外发达国家相距甚远。牧区省份主要依靠中央投资开展草原生态保护修复，社会资本参与草原保护修复较少，尚未建立起多元化的投入机制。草种业发展基础薄弱。草种质资源保护体系尚不健全，优良草种培育与创新能力不足，产业化组织体系不完整，草种依赖进口高达 70%，仍未形成真正的产业，科技优势远未转化为产业优势。

三、重要性和紧迫性

（一）草原肩负生态文明建设的主体责任

草原是我国面积最大的陆地生态系统，覆盖着 25% 的国土，像皮肤一样保护和滋养着大地。草原承担着防风固沙、涵养水源、保持水土、吸尘降霾、固碳释氧、调节气候、美化环境、维护生物多样性等重要生态功能。草原是黄河、长江等重要江河的发源地，是巨大的碳库和重要的动植物物种资源库。因此，草原生态状况的好坏，直接关系国家整体的生态安全。

（二）草原生态修复非常紧迫

从总体上看，我国草原生态局部改善、总体恶化的趋势尚未根本扭转，绝大部分草原存在不同程度的退化、沙化、石漠化、盐渍化等现象。全国草原的平均产草量较 20 世纪 80 年代下降 20%~30%。草原有毒、有害、劣质植物滋生蔓延，鼠虫害等生物灾害频发多发。由于各种征占用行为，全国草原面积持续萎缩，年均减少 50 万 hm² 左右，草原生态系统亟须采取有效的措施大力开展保护修复。

（三）草原生态修复是促进草原地区经济社会发展的需要

良好的草原生态环境是草原地区经济社会发展的根本保证。我国 70% 以上的少数民族人口生活在草原地区；西藏、内蒙古、新疆、青海、甘肃、四川六大草原省份农牧民人均收入只有全国农民人均收入的 84%。草原是牧区赖以生存和发展的最基本生产资料，实现其经济社会发展、维护边疆少数民族地区稳定，从根本上说还是要紧紧依靠草原，大力发展草原特色经济，走生态产业型、产业生态型发展之路。

四、发展机遇

以习近平同志为核心的党中央高度重视草原工作，习近平总书记多次对草原保护修复工作作出重要指示，为草原保护修复和草业发展提供了根本遵循，草原工作进入新的历史发展阶段。

习近平生态文明思想为草原事业发展提供了根本遵循。习近平总书记多次就草原生态保护修复、牧区经济社会发展作出重要指示批示，强调"森林和草原对国家生态安全具有基础性、战略性作用，林草兴则生态兴"，成为新时代草原高质量发展的根本遵循。

山水林田湖草沙系统治理为草原保护修复明确了方法路径。习近平总书记多次强调，山水林田湖草沙是生命共同体，要统筹兼顾、系统治理；如果种树的只管种树、治水的只管治水、护田的单纯护田，很容易顾此失彼，最终造成生态的系统性破坏。机构改革以来，我国大力推进科学绿化，坚持宜林则林、宜草则草，量水而行、以水定绿，为科学保护修复草原提供了方法路径。

碳达峰碳中和为草原保护修复提供了新动能。我国草原总碳储量约占我国陆地生态系统碳储量的 30%，90% 以上的碳储存在土壤中。碳达峰碳中和纳入生态文明建设整体布局，为科学开展草原保护修复、提升生态系统碳汇增量、建设绿色低碳草产业体系、建立健全生态产品价值实现机制提供了新动能。

全面推进乡村振兴为推动草原保护和草产业发展拓展了空间。习近平总书记强调，要切实解决好民生问题，让各族群众共享改革发展成果。草原既是重要的生态资源，也是农牧民赖以生存的生产资料，在保障农牧民生产生活和促进牧区经济社会发展方面发挥着不可替代的作用。全面推进乡村振兴为巩固拓展牧区脱贫攻坚成果，促进草产业健康发展，培育草原生态旅游与休闲康养新业态提供了广阔空间。

案例 4-1　若尔盖草原

若尔盖草原位于四川省的西北部，在我国草原区划系统中属于青藏高原高寒草甸和高寒草原区。西北靠青海省果洛藏族自治州久治县，北部和甘肃甘南藏族自治州玛曲县、碌曲县相临，东、南、西三面分别与成都、绵阳、德阳、雅安、甘孜等市（州）接壤，其区域包括四川省阿坝藏族羌族自治州的若尔盖、红原、阿坝、松潘县。

若尔盖草原是青藏高原东部边缘一块特殊的区域，也被称为松潘高原，素有"川西北高原绿洲"之称，是我国最美的三大湿地之一。若尔盖草原水源充沛，河流蜿蜒曲折，牛轭湖星罗棋布，主要有嘎曲、墨曲和热曲，从南往北汇入黄河。北部和东南部山地系秦岭西部迭山余脉和岷山北部尾端，境内山高谷深，地势陡峭，海拔 2400~4200m，主要河流有白龙江、包座河和巴西河。

若尔盖草原土壤长期浸泡在水中，由于气候寒冷湿润，蒸发量小，排水不畅，地表经常处于过湿状态，有利于沼泽的发育，因此主要以沼泽土为主，潜育化程度高，有机质氧化缓慢，部分地区分布着大量泥炭，由此形成了我国最大的泥炭沼泽——若尔盖沼泽。

若尔盖草原地势平阔，光热条件好，水草丰茂、适宜放牧，是全国重要的草原牧区之一。若尔盖草原以饲养牦牛、绵羊和马为主，其中的草原东部为纯牧区，

当地盛产的唐克马属河曲马品系，是全国三大名马之一，墨洼牦牛也是著名的优良蓄种。

若尔盖草原历来是去甘抵青的交通要道，是阿坝州的北路重镇。当年中国工农红军二万五千里长征，若尔盖草原就是红军三大主力集中走过的地方，也是红军长征在川西北高原滞留时间最长、面临环境最艰险、进行斗争最卓绝的地方，更是红军摆脱困境、最终实现历史性转折的地方。

第二节 草原生态现状

一、重点区域草原生态现状

（一）重点生态功能区草原生态现状

根据《全国主体功能区规划》《国务院关于同意新增部分县（市、区、旗）纳入国家重点生态功能区的批复》，国家重点生态功能区包括 25 个区域，分为水源涵养型、水土保持型、防风固沙型和生物多样性维护型 4 种类型。

水源涵养型生态功能区内草地面积 5767.01 万 hm²，涉及大小兴安岭森林生态功能区、长白山森林生态功能区、阿尔泰山地森林草原生态功能区、三江源草原草甸湿地生态功能区、若尔盖草原湿地生态功能区、甘南黄河重要水源补给生态功能区、祁连山冰川与水源涵养生态功能区、南岭山地森林及生物多样性生态功能区等 8 个区域。水源涵养型生态功能区共涉及 18 个草原类，面积居前三的草原类依次是高寒草甸类、温性荒漠类、高寒典型草原类。水源涵养型生态功能区草原综合植被盖度 59.18%，平均单位面积鲜草产量 2719.91kg/hm²，鲜草总产量 15685.73 万 t。

水土保持型生态功能区内草地面积 385.56 万 hm²，涉及黄土高原丘陵沟壑水土保持生态功能区、大别山水土保持生态功能区、桂黔滇喀斯特石漠化防治生态功能区、三峡库区水土保持生态功能区等 4 个区域。水土保持型生态功能区共涉及 12 个草原类，面积居前三的草原类依次是温性草原类、温性荒漠草原类、温性草甸草原类。水土保持型生态功能区草原综合植被盖度 66.12%，平均单位面积鲜草产量 3575.84kg/hm²，鲜草总产量 1378.71 万 t。

防风固沙型生态功能区内草地面积 5747.80 万 hm²，涉及塔里木河荒漠化防治生态功能区、阿尔金草原荒漠化防治生态功能区、呼伦贝尔草原草甸生态功能区、科尔沁草原生态功能区、浑善达克沙漠化防治生态功能区、阴山北麓草原生态功能区等 6 个区域。防风固沙型生态功能区共涉及 15 个草原类，面积居前三的草原类依次是温性草原类、温性荒漠类、温性荒漠草原类。防风固沙型生态功能区草原综合植被盖度 40.7%，平均单位面积鲜草产量 1952.77kg/hm²，鲜草总产量 11224.12 万 t。

生物多样性维护型生态功能区内草地面积 5471.79 万 hm²，涉及川滇森林及生物多样性生态功能区、秦巴生物多样性生态功能区、藏东南高原边缘森林生态功能区、藏西北羌塘高原荒漠生态功能区、三江平原湿地生态功能区、武陵山区生物多样性与水土保持生态功能区、海南岛中部山区热带雨林生态功能区等 7 个区域。生物多样性维护型生态功能区共涉及 19 个草原类，面积居前三的草原类依次是高寒典型草原类、高寒草甸类、高寒荒漠草原类。生物多样性维护型生态功能区草原综合植被盖度 47.76%，平均单位面积鲜草产量 2158.04kg/hm²，鲜草总产量 11808.37 万 t。

（二）重点战略区草原生态现状

长江经济带、黄河流域生态保护和高质量发展区、京津冀协同发展区是我国经济社会发展的重点战略区。区域内草地面积 6936.27 万 hm^2，2021 年草原综合植被盖度 60.06%，鲜草总产量 25394.19 万 t。

长江经济带草地面积 1175.95 万 hm^2，涉及 10 个草原类，分布较大的是高寒草甸类、山地草甸类、热性灌草丛类、热性草丛类，占长江经济带草地总面积的 97.06%。2021 年，长江经济带草原综合植被盖度 81.97%，平均单位面积鲜草产量 7206.83kg/hm^2，鲜草总产量 8474.90 万 t。

黄河流域生态保护和高质量发展区草地面积 5562.64 万 hm^2，涉及 17 个草原类，分布较大的是高寒草甸类、温性草原类、温性荒漠草原类、温性荒漠类、温性草原化荒漠类、高寒草甸草原类、山地草甸类，占黄河高质量发展区草地总面积 88.03%。2021 年，黄河高质量发展区草原综合植被盖度 56.52%，平均单位面积鲜草产量 2853.99kg/hm^2，鲜草总产量 15875.71 万 t。

京津冀协同发展区草地面积 197.67 万 hm^2，涉及 6 个草原类，分布较大的是暖性草丛类、暖性灌草丛类、温性草原类，占京津冀协同发展区草地总面积 93.52%。2021 年，京津冀协同发展区草原综合植被盖度 73.49%，平均单位面积鲜草产量 5279.37kg/hm^2，鲜草总产量 1043.58 万 t。

（三）国家公园草原生态现状

我国正式设立的国家公园包括三江源国家公园、大熊猫国家公园、东北虎豹国家公园、海南热带雨林国家公园、武夷山国家公园。共有草地面积 1425.75 万 hm^2，2021 年草原综合植被盖度 54.39%，平均单位面积鲜草产量 2564.00kg/hm^2，鲜草总产量 3655.64 万 t。

三江源国家公园草地面积 1410.10 万 hm^2，涉及 9 个草原类，主要草原类为高寒草甸类、高寒典型草原类、高寒草甸草原类，占三江源国家公园草地总面积的 98.37%。草原综合植被盖度 54.11%，平均单位面积鲜草产量 2508.40kg/hm^2，鲜草总产量 3537.11 万 t。

大熊猫国家公园草地面积 15.42 万 hm^2，涉及 9 个草原类，主要草原类为高寒草甸类、山地草甸类，占大熊猫国家公园草地总面积的 93.52%。草原综合植被盖度 79.84%，平均单位面积鲜草产量 7577.92kg/hm^2，鲜草总产量 116.83 万 t。

东北虎豹国家公园草地面积 0.20 万 hm^2，涉及 4 个草原类，分别为暖性草丛类、低地草甸类、暖性灌草丛类、山地草甸类。草原综合植被盖度 83.35%，平均单位面积鲜草产量 6707.53kg/hm²，鲜草总产量 1.34 万 t。

海南热带雨林国家公园草地面积 0.02 万 hm²，涉及 3 个草原类，分别为热性草丛类、暖性灌草丛类、热性灌草丛类。草原综合植被盖度 95.02%，平均单位面积鲜草产量 11715.18kg/hm²，鲜草总产量 0.20 万 t。

武夷山国家公园草地面积 0.02 万 hm²，涉及 4 个草原类，分别为山地草甸类、暖性灌草丛类、热性草丛类、热性灌草丛类。草原综合植被盖度 79.20%，平均单位面积鲜草产量 9957.88kg/hm²，鲜草总产量 0.16 万 t。

（四）重要生态保护修复区草原生态现状

根据《全国重要生态系统保护和修复重大工程总体规划（2021—2035 年）》，全国重要生态系统保护和修复重大工程规划布局在青藏高原生态屏障区、黄河重点生态区、长江重点生态区、东北森林带、北方防沙带、南方丘陵山地带、海岸带等重点区域（图 4-1）。区域面积 68745.93 万 hm²，占国土面积的 71.61%；区域内草地面积 23194.23 万 hm²，占区域总面积的 33.74%。

青藏高原生态屏障区草地面积 11908.40 万 hm²，共涉及 17 个草原类，面积居前三的草原类依次是高寒草甸类、高寒典型草原类、高寒荒漠草原类。草原综合植被盖度 51.01%，平均单位面积鲜草产量 1888.12kg/hm²，鲜草总产量 22484.43 万 t。

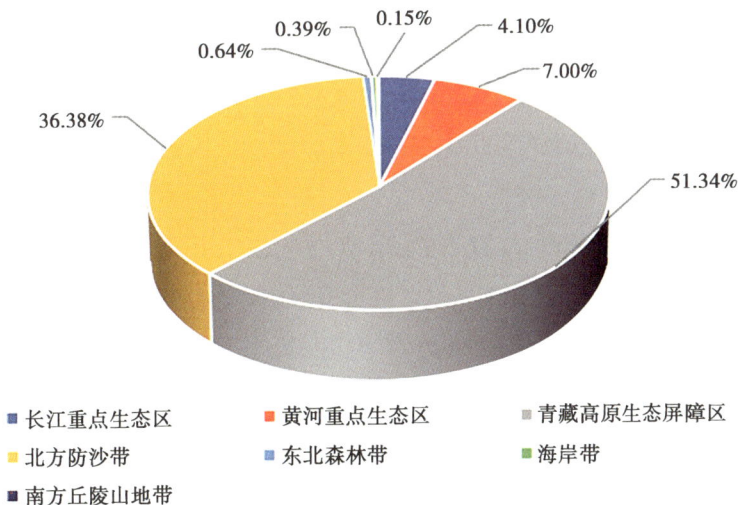

图 4-1　全国重要生态系统保护和修复重大工程区草地面积占比情况图

黄河重点生态区草地面积 1623.05 万 hm²，共涉及 14 个草原类，面积居前三的草原类依次是温性草原类、温性荒漠草原类、暖性草丛类。草原综合植被盖度 57.63%，平均单位面积鲜草产量 2730.21kg/hm²，鲜草总产量 4431.28 万 t。

长江重点生态区草地面积 1003.05 万 hm²，共涉及 13 个草原类，面积居前三的草原类依次是高寒草甸类、山地草甸类、热性灌草丛类。草原综合植被盖度 81.28%，平均单位面积鲜草产量 6843.82kg/hm²，鲜草总产量 6864.71 万 t。

东北森林带草地面积 148.59 万 hm²，共涉及 8 个草原类，面积居前三的草原类依次是低地草甸类、温性草甸草原类、山地草甸类。草原综合植被盖度 77.88%，平均单位面积鲜草产量 6783.91kg/hm²，鲜草总产量 1008.05 万 t。

北方防沙带草地面积 8438.03 万 hm²，共涉及 14 个草原类，面积居前三的草原类依次是温性草原类、温性荒漠类、温性荒漠草原类。草原综合植被盖度 43.59%，平均单位面积鲜草产量 2019.53kg/hm²，鲜草总产量 17040.88 万 t。

南方丘陵山地带草地面积 34.58 万 hm²，共涉及 7 个草原类，面积居前三的草原类依次是热性灌草丛类、热性草丛类、低地草甸类。草原综合植被盖度 83.28%，平均单位面积鲜草产量 9116.77kg/hm²，鲜草总产量 315.24 万 t。

海岸带草地面积 38.53 万 hm²，共涉及 8 个草原类，面积居前三的草原类依次是热性草丛类、低地草甸类、暖性草丛类。草原综合植被盖度 73.17%，平均单位面积鲜草产量 7401.2kg/hm²，鲜草总产量 285.17 万 t。

二、草原各大分区的生态现状

我国草原五大分区，即内蒙古高原草原区、西北山地盆地草原区、青藏高原草原区、东北华北平原山地丘陵草原区和南方山地丘陵草原区。五大草原区的生态现状、问题各不相同，分区治理的对策也各有侧重。

（一）内蒙古高原草原区

内蒙古高原草原区属于欧亚温性草原区的一部分，地处蒙古高原，位于我国北部和东北部地区，涉及内蒙古、宁夏、陕西、山西、河北、辽宁、吉林和黑龙江等 8 省份部分市县，年均降水量为 150~400mm。草原类从东向西由温性草甸草原类、温性草原类、温性荒漠草原类、温性草原化荒漠类到温性荒漠类过渡。该区草地面积 5286.64 万 hm²，占全国草地面积的 19.99%，是我国北方重要生态安全屏障，主体功能为防风固沙、土壤保持。分布有呼伦贝尔草原和锡林郭勒草原等天然牧场，是我国重要的畜牧业基地。2021年，内蒙古高原草原区草原综合植被盖度 51.29%，平均单位面积鲜草产量 2828.13kg/hm²，鲜草总产量 14951.30 万 t。

该区草原退化、沙化、盐碱化严重，草原鼠害危害面积较大，水土流失和风沙危害严重，超载过牧问题突出。矿藏开采占用草原面积较大，矿山修复难度高。常年受境外草原火灾威胁，边境草原防火压力较大。区域水蚀风蚀交错，水土流失和草原退化严重，水土流失面积占土地总面积的 56.7%，目前退化草原治理率尚未达到退化面积的 30%。

（二）西北山地盆地草原区

西北山地盆地草原区位于我国西北地区，涉及新疆全境及甘肃和内蒙古 2 省份部分市县，年均降水量为 50~200mm。草原类从东向西由温性草原类、温性荒漠草原类、温性草原化荒漠类到温性荒漠类过渡。该区草地面积 6604.32 万 hm²，占全国草地面积的 24.97%，是我国西北部重要的生态屏障，主体功能是生物多样性保护、防风固沙和水源涵养，对于维护边疆稳定和生态安全具有十分重要的意义。2021 年，西北山地盆地草原区草原综合植被盖度 38.91%，平均单位面积鲜草产量 1268.53kg/hm²，鲜草总产量 8377.78 万 t。

该区属于干旱荒漠与荒漠草原地带，区内气候干旱，风沙大，自然环境条件严酷，生态环境极为脆弱，是我国沙尘暴原发、多发地区，由于干旱少雨等自然因素和过度放牧、滥挖乱采等人为因素，该区草原成为我国退化沙化最为严重的地区。

（三）青藏高原草原区

青藏高原草原区包括西藏和青海全境以及甘肃、新疆、四川、云南 4 省份部分县市，年均降水量为 20~4500mm。草原类从东向西由高寒草甸类、高寒草甸草原类、高寒典型草原类到高寒荒漠草原类过渡。该区草地面积 13587.01 万 hm²，占全国草地面积 51.36%，是长江、黄河、澜沧江、雅鲁藏布江等大江大河的发源地，是我国水源涵养、补给和水土保持的核心区，也是生物多样性热点保护区域，主体功能是水源涵养、生物多样性保护和土壤保持。2021 年，青藏高原草原区草原综合植被盖度 53.63%，平均单位面积鲜草产量 2257.25kg/hm^2，鲜草总产量 30669.28 万 t。

该区草原自然生态系统脆弱，产草量低，超载过牧问题突出，草原生物灾害危险较大，高寒草甸、高寒草原生态系统的自我修复能力差，黑土滩退化草原分布较广，治理难度高，仅西藏和青海的"黑土滩"型极重度退化草原面积就达 1100 万 hm^2，严重威胁草原生态健康和整个区域的生态安全。

（四）东北华北平原山地丘陵草原区

东北华北平原山地丘陵草原区位于我国东北和华北地区，涉及河南、北京、天津和山东 4 省份全境及甘肃、宁夏、陕西、山西、河北、辽宁、吉林和黑龙江等 8 省份部分市县，年降水量空间分布不均匀，从西向东 300~750mm。草原类由北向南由温性草甸草原类、温性草原类、低地草甸类、暖性草丛类到暖性灌草丛类过渡。该区草地面积 684.11 万 hm^2，占全国草地面积 2.59%，主体功能是水源涵养、土壤保持和防风固沙，草原植被盖度较高、天然草原品质较好、产量较高，是草原畜牧业较为发达的地区，发展人工种草和草产品生产加工业潜力较大。2021 年，东北华北平原山地丘陵草原区草原综合植被盖度 74.10%，平均单位面积鲜草产量 4860.65kg/hm^2，鲜草总产量 3325.22 万 t。

该区位于农牧交错带，保护与发展矛盾突出，农牧矛盾尖锐。开垦草原现象突出，草原景观破碎化和退化、沙化、盐渍化问题严重，水土流失严重，其中东北草原区盐碱化面积占土地总面积的 5.05%。过量开采地下水，水位下降明显，土地旱生化，生产力不断下降，原生物种逐渐退化消失，生物多样性降低。

（五）南方山地丘陵草原区

南方山地丘陵草原区位于我国南部地区，涉及上海、江苏、浙江、安徽、福建、江西、湖南、湖北、广东、广西、海南、重庆、贵州等 13 省份全境及四川和云南 2 省份部分市县（图 4-2）。降水充沛，年降水量 2000~2500mm。草原类自北向南由山地草甸类、热性草丛类到热性灌草丛类过渡。该区草地面积 290.92 万 hm^2，占全国草地面积的 1.10%，主体功能是水源涵养、土壤保持和生物多样性保护，水热资源丰富，草原植被生长期长，单位面积产草量较高，在防止丘陵地区山地石漠化、遏制水土流失方面发挥着重要作用。2021 年，南方山地丘陵草原区草原综合植被盖度 81.44%，平均单位面积鲜草产量 7628.48kg/hm^2，鲜草总产量 2219.29 万 t。

图 4-2 湖南临武东山林场草原

该区域草资源开发利用不足，开垦草原、毁草造林问题突出。部分地区为喀斯特地貌，生态环境比较脆弱，植被覆盖率低，成土极为缓慢，土层薄且不连续。水土流失严重，面积达 3540 万 hm^2；石漠化面积约 1000 万 hm^2，占全国的 80%。

案例 4-2　湖南南山人工草地

在湖南省邵阳市城步县的南山镇，有一片历经多年人工种草形成的草地，称为南山牧场，人工种草面积达 9.1 万 hm^2。虽然与北方天然草原的面积无法相比，但在我国南方地区，完全通过人工种草、草山飞播等措施建成的南山牧场，更具有特殊的意义。

当年红军长征经过此地时，王震曾感叹："等全国解放了，一定要在这里办一个大牧场。"1956 年，南山牧场开始筹建，后在时任国务院副总理王震同志的直接关心和倡议下，1979 年成立南山牧场，开始走上种草养畜办加工的道路。30 多年

来，南山牧场会同相关部门，实施了中澳畜牧工程合作项目、农业综合开发项目、飞机牧草播种等多个项目，是国家投资最多、人工开发面积最大的人工草地和草原牧场。

南山牧场地处湖南、广西边陲的八十里大南山腹地，经人工种植多年生牧草形成的草原，总面积152km²，草山面积占土地面积的35%，其中集中连片草山草地6.3万 hm²，绵延40km，具有独特的南方山地草原景观。

南山牧场，既有北国草原的苍茫雄浑，又有江南山水的灵秀神奇。9.1万 hm²集中连片的草山草坡，被誉为"南方的呼伦贝尔"。这里年平均气温10.9℃，1月平均气温-0.5℃，7月平均气温19℃，夏秋最高气温28℃，冬无严寒，夏无酷暑。山势平缓，草地辽阔，空气清新，土壤、大气、水质无任何污染。一年四季，绿草如茵，风景如画，是一处生态系统优良的南方草原风景区和南方草山畜牧业发展的基地。

第三节　草原保护修复总体要求

一、指导思想

以习近平新时代中国特色社会主义思想为指导，认真践行习近平生态文明思想，坚持林草兴则生态兴和草原对生态文明建设的基础性、战略性的定位，牢固树立绿水青山就是金山银山理念，统筹山水林田湖草沙一体化保护和系统治理，以更好地满足人民对优质草原生态产品的需求为目标，以推进草原治理体系和治理能力现代化为主线，遵循生态优先、系统修复、科学利用的方针，促进草原生态保护与农牧民生产生活共同发展，为建设生态文明和美丽中国奠定重要基础。

二、基本原则

（一）坚持尊重自然，保护优先

遵循草原生态系统演替规律和内在机理，坚持生态保护优先，兼顾生产生活，促进草原休养生息，维护自然生态系统安全稳定。

（二）坚持系统治理，分区施策

按照我国地理气候和草原分布特点，采取综合措施全面保护修复草原，增强草原保护修复和草业发展的系统性、针对性、长效性。

（三）坚持科学利用，绿色发展

牢固树立绿水青山就是金山银山理念，正确处理保护与利用的关系，科学利用草原资源，推动人草畜和谐发展，促进草原地区绿色发展和农牧民增收。

（四）坚持政府主导，全民参与

明确地方各级人民政府保护修复草原的主导地位，以政府投入为主，鼓励和引导农牧民和市场主体参与草原保护修复，促进行业健康发展。

（五）坚持开放发展，深化交流

统筹国内国际两个循环、两种资源、两个市场，建立健全国际多边、双边合作机制，积极参与应对气候变化、生物多样性保护等领域国际合作事务，增强我国草原草业国际话语权。

三、总体目标

到 2025 年，草原保护修复制度体系基本健全，草畜矛盾明显缓解，草原退化趋势得到根本遏制，草原综合植被盖度达到51%[①]，天然草原鲜草产量稳定在 6 亿 t 以上，草原生态状况持续改善。

到 2035 年，草原保护修复制度体系更加完善，基本实现草畜平衡，退化草原得到有效治理和修复，草原综合植被盖度达到53%[②]，草原生态功能和生产功能显著提升，彰显草原在实现我国碳达峰、碳中和目标以及在美丽中国建设中的作用。

展望到 21 世纪中叶，退化草原得到全面治理和修复，草原生态系统实现良性循环，形成人与自然和谐共生的新格局（表 4-1）。

表 4-1　规划目标表

指标	2025 年	2035 年
草原综合植被盖度（%）	51	53
草原鲜草总产量（亿 t）	6.1	6.5
国家草原自然公园（处）	100*	400*
国有草场（万亩）	1000*	3000*
禁牧、草畜平衡（亿亩）	≥38	≥38
种草改良面积（亿亩）	2.5*	3.5*
草种质资源库（处）	10*	30*
草种繁育基地面积（万亩）	10	30

注：1. * 为累计数；2. 所有指标均为预期性指标。

四、明确草原生态保护修复的主要任务

草原生态修复必须坚持节约优先、保护优先、自然恢复为主的基本方针，瞄准存在的主要问题，突出重点任务。

（一）遏制草原退化趋势

以草畜平衡为基本抓手，大力开展以草定畜，全面落实禁牧、休牧、轮

---

①、② 草原综合植被盖度 "51%" 和 "53%" 是以国土三调草地面积 2.65 亿 hm²（39.68 亿亩）为基数；文中其他部分相关表述，如 2020 年全国草原综合植被盖度达到 56.1%，是以第一次全国草地资源调查结果近 4 亿 hm²（近 60 亿亩）为基数。

牧等利用制度。大力开展草原改良，积极实施补播、施肥、除杂、灌溉、松土、鼠虫害治理、植被重建等综合农艺手段。加快草原畜牧业由粗放生产型、数量增长型，向质量效益型转变，提升草原生产效率。遵循以水定草的原则，加快人工草地建设，提高饲草料供给能力。

（二）确保草原面积不减少

全面落实草原征占用管理制度，特别要加强对生态红线内草原、基本草原征占用管理，实行严格的审核审批制度。坚持把节约草原资源放在优先位置，引导项目合理选址，严格遵循项目建设不占、少占、短占草原的基本原则。实施征占用草原项目立项预审制度，实行草原征占用总量控制。坚决制止和打击在草原上滥采乱挖野生植物资源等破坏草原植被的行为。

（三）推进受损草原植被恢复

把科学完善的植被恢复方案作为允许开发的前提，建立植被恢复保证金制度，确保技术、资金、管理到位。加强对征占用地点、边界、植被恢复措施落实情况等全程监管。组织开展植被恢复基础技术攻关研究，严格科学选种草种，高度重视本土草种的选育和种植。积极探索政府组织和监管、农牧民参与、第三方承担的生态修复新机制。

（四）确保草原性质不改变

确保草原用途不改变，严格禁止将草原转变为其他农用地，在农业综合开发、耕地占补平衡、土地整理过程中，不得占用草原。严格规范临时占用，把好临时占用草原选址关，临时占用草原不得超过 2 年。不得随意改变草原边界、范围，不得擅自将基本草原转变为非基本草原。合理划定草原禁牧区、非禁牧区，不得随意调整范围、面积、禁牧时间，未达到解禁标准的禁牧区，不得调整为非禁牧区。

五、夯实草原生态保护修复的重要基础

草原生态修复是一项政策性、技术性、实践性很强的系统工程，必须有政策、制度、组织、措施的有力保障，必须有多部门、多领域、多行业的大力支持和参与，形成共同推进工作的合力。

（一）提高全民草原生态保护意识

把草原生态保护教育纳入国民教育体系和干部教育培训体系，充分发挥

新闻媒体作用，强化草原资源国情宣传，普及相关法规、科学知识等，引导全社会像重视生命一样重视草原，像保护耕地一样保护草原，像重视种树一样重视种草。推动设立"草原保护日"，不断激发全民爱草、护草、重草的情感。大力开展种树种草相结合的国土绿化行动。

（二）增强草原生态修复的针对性

根据草原生态现状、气候特点、利用情况，因地制宜、分类施策，采取有针对性的修复措施。一是管住一片。对严重退化区、生态脆弱区的草原，实行"区域性"连片禁止放牧，以自然恢复为主。二是改良一片。对水热、土壤、植被条件较好、交通便利的部分天然草原，实施补播、施肥、除杂等综合农艺措施。三是建设一片。遵循以水定草的原则，在适宜地区开展人工饲草料基地建设。四是用好一片。对草原生态状况相对较好的区域，加强基础设施建设，积极发展草原畜牧业。

（三）科学谋划草原生态修复重大工程

一是实施北方草原生态修复工程。针对北方天然退化草原，着重加强草原围栏、草原改良、鼠虫害及毒害草防治、黑土滩治理、人工草地、灌溉工程、防火防灾、牧民定居以及转变草原畜牧业生产方式等设施建设。二是实施南方草地改良建设工程。对南方天然草地、林间草地、退耕地、水源涵养地等实施改良，建成一批植被优良、保土保水能力强的改良草地，构建林草结合的立体生态屏障。三是实施已损草原植被恢复工程。重点针对已垦草原区、沙化草原区、矿藏开采区以及工程建设区周边等开展植被恢复。四是实施草畜平衡示范工程。选取基础条件较好，有代表性的草原区，重点打造一批草畜平衡示范县（旗）。五是实施草原保护支撑体系建设工程。加强草原生态修复技术攻关体系、草原监督管理体系、草种繁育体系、草原科技推广体系、草原防灾减灾体系、草原监测预警体系等建设，夯实草原植被修复基础。

（四）不断完善草原保护政策

加快草原承包确权进程，实现草原地块、面积、合同、证书"四到户"，规范承包经营权流转。不断扩大生态补奖资金规模和覆盖面，探索建立多元化补偿机制，增加对重点草原生态功能区转移支付，建立草原生态保护先进县奖励制度，开展跨地区横向补偿。制定出台《基本草原保护条例》，采取最严格的基本草原保护措施。

（五）全面加强草原监督管理

不断充实和加强草原监督管理机构队伍，尤其要加强基层队伍建设，充实草原管护公益岗位。开展草原资源调查和草原生态状况动态监测，建立草原生态修复大数据库，加快国土空间规划和生态保护红线划定工作，推进编制草原资源资产负债表，全面落实生态文明建设目标评价考核。加大对违法征占用草原、违法审批等行为的查处力度，严厉打击各类破坏草原的违法行为。贯彻落实生态环境损害责任追究和生态环境损害赔偿等重要制度。

第四节　全面加强草原保护

全面保护草原资源，落实禁牧和草畜平衡制度，推行草原休养生息，促进草原自然恢复，完善草原自然保护地管理体系，探索开展国有草场建设，严控草原占用使用，提高草原可持续发展能力。

一、落实草原保护制度

（一）落实草原生态补奖政策

坚持将草原资源保护作为政策出发点，以落实禁牧和草畜平衡制度作为落脚点，因地制宜制定实施方案，确定适合本省份实际情况的补助奖励具体标准，优化调整禁牧和草畜平衡区。推动建立资金发放与责任落实挂钩机制，逐级建立目标责任制，分解任务指标，建立完善绩效考核制度，确保禁牧和草畜平衡制度落实到位。

（二）实施禁牧制度

因地制宜、科学划定禁牧区，对严重退化、沙化、盐碱化、石漠化的草原、自然保护地和生态红线内禁止生产经营性活动的草原实行禁牧封育。完善禁牧制度，优化调整禁牧区域，达到解禁标准的转为草畜平衡区，退化、沙化明显的草畜平衡区及时调整为禁牧区。禁牧区设立明显的禁牧区标志，明确禁牧范围、禁牧时间、禁牧措施、责任人等事项，便于社会监督。强化禁牧监管，向社会公布县乡两级禁牧草原分布，明确禁牧草原的"四至"界线、面积。

（三）实行季节性休牧

根据草原保护要求和生产利用方式开展季节性休牧，为草原返青、结实留足时间。结合当地气象条件、牧草物候期科学确定季节性休牧的具体区域和期限，并及时向社会公布。休牧期草原管理要同禁牧期管理执行同等标准。

（四）落实草畜平衡

对禁牧区外草原实行草畜平衡管理。地方各级林草部门依据草原动态监测评价结果，核定草原合理载畜量。重点天然草原平均牲畜超载率控制在10%以内。组织开展草畜平衡示范旗县建设，总结、推广实现草畜平衡的经验和模式。

案例4-3　巴音布鲁克草原

巴音布鲁克草原位于新疆维吾尔自治区巴音郭楞蒙古族自治州和静县西北部，地处天山山脉中部南麓的尤尔都斯盆地，开都河上游，四周雪山环抱，面积2.38万 km²，是我国最大的亚高山高寒草甸草原。

巴音布鲁克草原既是新疆南部最优良的高山天然牧场，也是新疆重要的水源涵养地和重要的生态功能区，素有"天山之肾"和"新疆水塔"之称。巴音布鲁克草原境内有大小7个湖泊、20条河流，水资源十分丰富。其中最重要的草原湿地就是天鹅湖。天鹅湖由众多相互串联的小湖组成的大面积沼泽湿地，面积超300km²。

巴音布鲁克草原地势平坦，开都河宁静地淌过草原，水草丰盛，是典型的禾草草甸草原。在盆地中心开都河上游沿岸为高寒沼泽草甸，面积占5.3%；在盆地四周

海拔高度在 2400~2600m 的山麓至 2800m 的阳坡山地为高寒草原，面积占 23.3%；在海拔 2800~3400m 的山地分布着高寒草甸，面积占 67.9%；在巩乃斯沟和大尤尔都斯山麓海拔 2500m 的缓平阴坡零星分布着草甸草原和山地草甸，面积占 3.5%。

巴音布鲁克草原、湖泊、雪山交相辉映，平缓宽阔的开都河、激流湍急的巴音郭楞河、秀丽多姿的赛里木河和清澈见底的巩乃斯河的河谷地带，生长着 130 多种优质牧草。这里盛产着焉耆马、巴音布鲁克大尾羊、中国的美利奴羊和新疆高山牦牛。

历史上，巴音布鲁克草原曾哺育过匈奴、突厥等古代民族，从 13 世纪成吉思汗西征起，这里就是蒙古许多部族的驻牧之地。清乾隆三十九年（1774 年）还安置了渥巴锡率领东归的土尔扈特蒙古部。现在巴音布鲁克草原居住着蒙、汉、藏、哈等 9 个民族。

二、加强草原资源管理

（一）规范划定基本草原

把维护国家生态安全、保障草畜健康发展所需的最基本、最重要的草原划定为基本草原，实施更加严格的保护和管理。全面加强天然草原保护，严格保护大江大河源头和水源涵养地等重要生态区位天然草原，严守生态保护红线，严禁擅自改变草原属性、用途和性质，严禁不符合草原保护功能定位的各类开发利用活动。

（二）严格草原征占用审核审批管理

加强矿藏开采、工程建设等征占用草原审核审批管理，严格审核审批流程，建立负面清单。从严管控占用基本草原，除国家重点建设项目及基础设施、公共事业、民生建设及国防、外交等项目外，原则上不得占用基本草原，确保基本草原面积不减少、质量不下降、用途不改变。开展征用占用草原年度遥感判读，强化源头管控和事中事后监管。

（三）开展国有草场建设

采取以政府投入为主的方式，开展草原保护修复和科学利用，形成兼顾生态保护和可持续生产经营的示范性草场。推动国有草场成为集生态支撑、生态修复、生态平衡、绿色发展、自然和谐为一体的草原资源充分整合管理的有效载体，形成可持续的长效建管机制，更好地保障草原休养生息，巩固草原保护修复成果，推动现代草业发展，强化草原的多功能作用，发挥草原合理利用示范效应。

（四）开展草原变化图斑判读和核查处置

全面加强草原资源保护管理工作，切实加大执法监管力度，主动发现、及时查处各种破坏草原资源违法违规行为，实现草原资源保护的动态监管、常态监管和数字监管。建立健全完善草原资源监测监管机制。建立和完善"国家组织、省负总责、分级负责、上下联动、齐抓共管"的工作体系。形成草原资源遥感判读数据库，为全国草原资源保护管理提供基础支撑，逐步实现全国草原资源"一张图"管理、"一个体系"监测、"一套数"评价。开展地方自查与国家抽查复核。建立案件台账管理和查处销号制度，构建全国违法破坏草原资源案件数据库，实行案件查处情况信息化动态管理。

（五）加强草原管护员队伍建设

创新监管手段，提高监管效率，建立完善草原管护员制度，建立完善县、乡、村三级草原管护网络，加强网格化管理，及时发现和报告超载过牧和禁牧休牧期违规放牧行为，发挥草原管护员在加强草原监督管理中的协助作用。建设草原管护员信息管理系统，建立高效率的草管员管理运行机制。

（六）加大绩效奖励力度，建立激励约束机制

加强草原监测统计和绩效评价，对工作突出、成效显著的地区给予资金奖励，由地方政府统筹，用于草原管护、推进牧区生产方式转型升级、发展现代草原畜牧业、推广牧草良种等方面，进一步因地制宜的采取措施，巩固草原补奖政策的实施成效。

三、加强草原类自然保护地建设

（一）设立国家草原自然公园

国家草原自然公园是以国家公园为主体的自然保护地体系的重要组成部分。在生态系统典型、生态服务功能突出、生态区位特殊、生物多样性丰富、自然景观和文化资源独特的草原区域，设立国家草原自然公园，并开展自然资源确权登记，实行整体保护、严格管理、科学利用。

（二）实施分区管控

基于自然保护地功能定位、生态价值、原真性、人类活动强度，进行分区差别化管控。国家公园和自然保护区分为核心保护区、一般控制区 2 个区

域，自然公园按一般控制区管理。原则上核心保护区禁止人为活动，一般控制区限制人为活动。

（三）构建融合发展格局

处理好草原生态保护修复和合理利用的关系。推进资源保护、生态修复、科普宣教、生态旅游、文化传承及市场化、多元化投入机制等融合发展，着力提升草原资源生态、经济、社会功能，逐步探索草原生态保护新途径，加快构建草原生态保护修复与利用新格局。

专栏 4-1 草原保护重点任务

1. 划定基本草原

把维护国家生态安全、保障草畜健康发展所需最基本、最重要的草原划定为基本草原。到 2025 年，全国牧区省基本完成基本草原划定工作。到 2035 年，基本草原实现应划尽划，建立较为完善的基本草原保护制度。

2. 落实禁牧休牧和草畜平衡

科学核定草原载畜量，以草定畜。到 2025 年，按照第三轮草原生态补奖政策要求，草原禁牧、草畜平衡面积稳定在 40 亿亩以上。在全国主要草原牧区建立较为完善的季节性休牧制度。建设草畜平衡示范区 2 个。到 2035 年，全国草原基本实现草畜平衡，基本建立科学的季节性休牧和划区轮牧制度。建设草畜平衡示范区 100 个。

3. 设立国家草原自然公园

将资源具有典型性和代表性，区域生态地位重要，生物多样性丰富，景观优美，以及草原民族民俗历史文化特色鲜明的草原纳入国家草原自然公园试点建设。到 2025 年建设国家草原自然公园试点 50 处，到 2035 年建立较为完善的国家草原自然公园体系。

第五节　深入推进草原生态修复

科学研判草原生态状况，因地制宜、分类施策，根本遏制草原生态退化趋势，持续改善草原生态状况，增强草原生态系统稳定性。

一、大力推进科学修复

（一）实行分类修复

针对不同区域、不同退化程度的草原，制定有针对性的保护修复和治理措施。轻度退化草原降低人为干扰强度，以轮牧休牧、自然恢复为主，促进草原休养生息；中度退化草原适度开展植被、土壤等生态修复，采取围栏封育、补播改良、鼠虫病害和毒害草治理等措施恢复植被；重度退化和沙化草原采取围栏封育、人工种草、工程治理等措施，加快恢复退化草原植被，提升草原生态功能和生产能力。

案例4-4 木里煤矿的生态修复之路

青海木里煤矿位于青海省东北部海西州天峻县木里镇和海北州刚察县吉尔孟乡，是青海最大的煤炭矿区。这里蕴藏着丰富的优质焦煤，累计探获煤炭资源储量41亿t。木里煤田临近祁连山国家公园，平均海拔4000m。这里有大片的草原和湿地，多条河流蜿蜒而过，是黄河上游重要支流大通河的发源地，是祁连山区域水源涵养地和生态安全屏障的重要组成部分，生态地位极为重要。

青海最大的价值在生态、最大的责任在生态、最大的潜力也在生态，这是青海"三个最大"的省情定位。然而，由于多年"重开发、轻保护"的煤炭露天开采，在木里矿区形成了体量巨大的11个采坑、19个渣山，造成地貌景观资源、水资源、土地资源、植被资源遭到不同程度的破坏，给青海的自然生态、政治生态造成了重大损失和恶劣影响。

自2014年8月起，青海省持续开展木里矿区生态环境综合整治工作。2017年，青海省政府制定了《巩固提升木里矿区综合整治成果加强生态保护工作方案》，从矿坑回填、边坡治理、科学实施植被补植补种、围栏维护、湿地功能恢复等方面入手，推进生态环境综合整治成果巩固提升工作，初步形成了职责明确、上下衔接、管理到位、运行高效的矿区生态保护长效机制。2020年，按照青海省编制的《木里矿区以及祁连山南麓青海片区生态环境综合整治三年行动方案（2020—2023年)》，木里矿区生态整治要"两月见型打基础、当年建制强保障、两年见绿出形象、三年见效成公园"，最终把这个露天非法开采、严重破坏高原生态环境的典型，打造成高原高寒地区矿山生态环境修复样板。2021年，木里矿区完成种草复绿29977.42亩，植被平均盖度达到90%以上。2022年，完成补种5021.31亩，补植294亩。通过实施工程治理、种草复绿等，木里矿区原有采坑、渣山已与周边地形地貌交错融合、

修复前

修复后

自然衔接，初步具备了后续自然恢复的土壤和地貌条件。

木里煤矿整治措施：

（1）加强组织领导。木里矿区以及祁连山南麓青海片区生态环境综合整治工作开展以来，省委、省政府加强组织领导，完善工作机制，通过召开综合整治工作领导小组会议、专题会议、调度会和现场会，及时调度综合整治任务和"回头看"指出问题整改。省委、省政府领导多次深入现场，一线督导，有力有序推动综合整治工作取得实效。

（2）突出十项举措。种草复绿作为木里矿区以及祁连山南麓青海片区生态环境综合整治工作的重心，始终坚持多方试验保质量、多土配方打基础、多肥组合增养分、多种混播促稳定、多法保水稳墒情、多措并举严流程、多频监测补短板、多方合力强管护、多项技术开新路、多点示范树形象十项措施，确保复绿质量和效果。

（3）用好六项机制。建立了统筹协调、验收销号、建档归档、移交管护、项目申报、资源盘活六项机制。各地按照"一斑一策"的要求编制整治方案，实施了采坑回填、边坡治理、渣山复绿、植被恢复、环境整治等系列生态修复治理工程，确保所有"问题图斑"得到全面整治。

（4）凝聚整治合力。综合整治过程中，全省各级自然资源、生态环境、水利、气象、林草等部门并联工作，同向发力，地面整形、生态监测、水系连通、气象保障、土壤重构、植被重建、补植补种、后期管护等分步推进，稳步实施，确保木里矿区精准复绿、高效修复、系统整治。

目前，青海这场重塑绿水青山的攻坚战仍在继续。保护好青海的生态环境就是践行国之大者。下一步，青海省自然资源厅将严格按照《木里矿区以及祁连山南麓青海片区生态环境综合整治三年行动方案（2020—2023年）》要求，持续整治并做好监测及后续移交管护，加强矿产、草原、湿地等资源管理，持续推进修复管护长效机制建设，确保木里矿区以及祁连山南麓青海片区综合整治工作按期完成。

（二）科学实施草原生态修复

加强生态敏感脆弱地区退化草原修复力度，增强防风固沙和水土保持等能力，开展封禁封育，推行舍饲圈养，以草定畜，减轻天然草原放牧压力，促进草原植被恢复。贯彻落实中央关于坚决制止耕地"非农化""非粮化"决策部署，统筹考虑国家粮食安全和生态安全，在国务院批准的范围内实施退耕还草。

（三）科学优化草原围栏

分类优化已建围栏，完善草原围栏生态评估机制，规范草原围栏建设，逐步调减不合理的草原围栏，解决部分地区草原围栏网格化、碎片化问题。切实减轻草原围栏对动物迁徙和生物多样性的影响，使草原围栏在草原生态保护修复和合理利用中发挥更大的作用。

（四）大力推广免耕补播

推广草原免耕补播试点，强化免耕补播新技术新装备应用，提高补播草种出苗率和成活率。在不破坏或少破坏原生植被的前提下补播优良草种，改善草原生态质量，增加草原生物多样性，增加草原土壤有机碳含量，提高优质牧草比例，保持草原生态系统稳定性。

案例4-5　免耕补播技术运用于退化草原修复

免耕补播是退化草原生态修复的关键技术，是指采用免耕的方法，在不破坏或少破坏草原原生植被的前提下，通过补播品质优良草种改善草场生态质量，并提高草原生产力和物种多样性的技术。与传统的需要翻耕的种草模式相比，免耕补播最大程度保护了草原原生植被不受破坏，增加了草原物种生物多样性，维护了草原生态系统的稳定性。免耕补播还减少了对草原土壤的扰动，在防风固沙、保持水土等方面发挥了积极作用。

2021年，国家林业和草原局办公室、九三学社中央办公厅联合印发通知，要求有关省份加大草原免耕补播试点的推广力度，进一步推进免耕补播科技示范试点，更好地发挥免耕补播在草原生态修复中的作用。

通知要求，要大力推进草原免耕补播试点。地方各级林业和草原主管部门在落实中央草原生态修复保护资金政策中，充分应用免耕补播试点技术和经验，积极支持和推广九三学社中央开展的免耕补播试点工作。要在以往开展免耕补播试点的基础上，做好试点成效评估，总结好的经验做法。对成功成熟的免耕补播技术加以推广，加大试点投入，扩大试点范围，增加试点规模，确保取得实效。九三学社

各级组织要积极与林草部门对接，组建专家团队，做好技术培训和推广工作。

通知强调，要科学选择免耕补播乡土草种。各地要根据不同草原区域的土壤、降水量、海拔、积温等条件及草原退化程度，因地制宜、科学选择适宜的草种开展免耕补播。要不断强化免耕补播新技术新装备应用。在开展草原免耕补播中，应优先选用先进的免耕补播技术，减少对草场原生植被的扰动，提高出苗率和成活率。要加强协调，积极利用现有农机支持政策，推广使用高性能免耕电驱补播机。对补播草种使用优选包衣技术进行处理加工，提高发芽率和抗逆性。要整合资金、加大投入，建设喷灌设施，开展土壤肥力测定，科学施用有机肥，不断提高产草量和土壤肥力。

近年来，九三学社中央整合多方资源，在林草部门的积极配合下，组织实施了"草原生态修复与生产力恢复"免耕补播科技示范试点，取得了明显成效。例如，在内蒙古赤峰市免耕补播试点中，草原植被盖度提高到95%以上；草原土壤有机碳含量增加了10.2%，全氮含量提高了17%。同时，免耕补播还增加了草原优质牧草比例，草原草产量提高了1倍以上。

二、加强草原有害生物防控

（一）加强监测预警

建立健全趋势会商制度，强化草原鼠害、虫害、有害植物和外来入侵物种常态化监测、精准化预报，做好中短期生产性预报，及时发布灾情预警信息。加大对关键时期、重点区域、重要种类的监测力度，加强对高原鼢鼠、长爪沙鼠等草原鼠害、境内外飞蝗特别是东亚飞蝗等重点虫害的监测预警，密切关注灾情动态，科学研判灾害发展形势。建立健全草原生物灾害监测预警体系和应急防灾减灾体系，全面提升监测预警能力和应急处置能力，完善联防联控机制。

（二）实行科学防治

以草原有害生物监测和普查结果为依据，集中人员力量和防控资金，开展有害生物灾害精准防治，重点做好鼠虫害严重危害区域治理，优先推广生物制剂、植物源农药、天敌调控、人工物理和生态治理等草原有害生物绿色防治措施。以草原监测预报站点为基础，统筹科研院所、社会化服务组织等技术力量，开展主要草原有害生物监测防治示范区建设，集成可复制、可推广的综合性监测防治技术和管理经验。

（三）完善应急机制

根据不同区域草原有害生物危害特点和防治工作实际需要，及时修订应急预案，制定防控实施方案。建立应急响应机制，细化实化防治措施，加强应急演练和实践，提前做好物资储备、组织动员、技术培训等工作，一旦出现灾情，迅速响应，及时高效采取措施，最大程度地减少灾害损失。

三、严防草原火灾

（一）坚持源头管控

按照"预防为主、防消结合"的方针，坚持源头管控、科学施救，全国草原防火一盘棋统筹，加强火源管理，落实预防主体责任，严格火源管理制度，全面消除火灾隐患。

（二）排除火险隐患

对于草原持续高火险地区要采取超常规措施，严管野外生产生活用火，全面开展火灾隐患排查，切实消除火灾隐患，在高火险区严禁一切野外用火。同时，重点加强预警监测系统、通信和指挥系统、防扑火基础设施和消防队伍建设，排除草原火情隐患，提高火情早期处理能力，推动草原防火隐患排除能力现代化建设。

（三）加强部门协作

健全草原防灭火工作机制，加强与气象等部门协作，完善重大气象灾害天气会商机制，密切关注火险天气，对风干物燥、持续高温等不利天气要精准研判，始终保持高度戒备，落实防火天气预测预报预警专业化预警和运行机制。

（四）完善应急预案

加强草原火灾突发事件应急值守和应急处置能力，加强草原火情监测预警和火灾防控。同时，加大宣传培训，提高草原防火意识，普及自救互救能力，提高公众应急能力。

四、推进草原固碳增汇

加强顶层设计，制定草原碳汇发展专项规划，完善相关政策制度，健全机制措施。加强草原碳汇理论、碳汇市场、碳汇产业等研究，制定草原碳汇计量监测标准和规程，建设草原碳汇监测网络体系。

（一）加强草原碳汇计量监测

推进草原碳汇计量监测体系建设，完善草原碳汇计量方法学，优化整合草原碳汇计量模型，深化遥感技术在草原碳储量定量估测中的科学研究与推广应用，不断提升草原碳汇计量监测能力。组建现代化的草原碳汇计量监测队伍，强化技术装备配备、人才培养和技术培训，持续开展草原碳汇综合监测评价。

（二）积极增加草原碳汇

持续推进草原保护修复，提高草原碳汇增量。加强草原保护，实施退耕还草等草原生态保护修复工程，提升草原生态系统质量和功能。全面落实禁牧休牧、草畜平衡制度和草原生态补奖政策。积极探索人工种草改良增加碳汇的方法。

专栏 4-2　草原生态修复重点任务

1. 种草改良

对退化草原进行修复，采取人工种草措施，种植乡土草种，提升草原生态功能，采取围栏封育、补播、施肥等措施，有效改良退化草原，自然恢复草原植被。到 2025、2035 年分别实施草原种草改良 2.3 亿亩、7 亿亩。

2. 草原有害生物防控

加强草原有害生物及外来入侵物种防治，不断提高绿色防治水平。到 2025、2035 年，草原鼠害绿色防治比例分别达到 60%、70%，草原虫害绿色防治比例分别达到 80%、85%，草原有害生物成灾率指标分别控制在 9.5%、8.0% 以下。

3. 建设国有草场

在生态脆弱、区位重要的退化、荒漠化和放牧利用价值不高的草原，由政府投资进行规模化修复治理并管理，建立一批国有草场。到 2025、2035 年分别建设国有草场 1000 万亩、3000 万亩。

第六节　草原保护修复重大工程

将草原分区布局与"三区四带"有机融合，全面推进重要生态系统保护和修复重大工程（以下简称"双重"工程），推进重点生态区域保护修复项目，点面结合开展草原生态保护修复，提高草原生态质量。

一、内蒙古高原草原区

控制草原沙化、盐碱化速度，修复退化草原。落实草原禁牧和草畜平衡制度，推行季节性休牧制度，科学开展打草场建设。强化草原防火，特别是边境草原防扑火能力建设。实施废弃矿山生态修复，恢复矿区及周边生态环境，提升矿山防风固沙和水土保持能力。因地制宜发展羊草等生态修复用种，打造祖国北疆生态屏障和商品草基地。对应"双重"工程，重点实施北方防沙带草原保护修复、东北森林带草原保护修复、黄河重点生态区草原保护修复3个重大工程5个重点任务。大力开展封育保护，加强原生草原植被和生物多样性保护，禁止开垦草原，开展草原禁牧休牧和草畜平衡，提升水源涵养能力；积极培育草原资源，选择适生的乡土草种，统筹推进退耕还草、退牧还草，加大退化草原治理，开展草原有害生物防治，使区域风沙危害得到有效遏制，草原生态系统稳定性和质量得到明显提升，草原生态系统实现健康稳定，生态服务功能显著增强。

专栏4-3　内蒙古高原草原区草原保护和修复重点任务

1. 京津冀协同发展区草原生态保护和修复（内蒙古高原草原区）

重点在河北坝上地区，全面加强草原植被保护修复，实施人工种草、草原改良、禁牧封育、季节性休牧轮牧等措施，遏制坝上高原草原退化趋势。

2. 内蒙古高原草原生态保护和修复（内蒙古高原草原区）

重点在呼伦贝尔草原、科尔沁草原、锡林郭勒草原、乌兰察布草原、乌拉特草原，严格落实禁牧休牧和草畜平衡制度，加大生态系统保护力度，推动草原畜牧业转型升级，促进草原资源合理利用。加大退化沙化草原生态修复力度，切实提升草原生态质量。

3. 黄土高原草原生态保护和修复（内蒙古高原草原区）

重点在陕北地区、晋北地区、宁夏南部、库布齐－毛乌素、吕梁山、太行山等区域，以自然恢复和人工辅助修复为主，通过实施禁牧休牧轮牧封育、草畜平衡、退耕还草、补播改良、鼠虫害治理、黑土滩治理等技术措施，大力开展退化草原综合治理，提升草原质量，加快退化草原、沙化荒漠化土地治理。

4. 贺兰山草原生态保护和修复（内蒙古高原草原区）

重点在宁夏贺兰山，针对水土流失严重、生物多样性受损等问题，通过植被保护恢复、生态廊道建设等，提升水土保持和生物多样性维护能力。因地制宜统筹开展植被重建与生态修复，不断提升防风固沙能力，保护和修复荒漠生态系统。

5. 大兴安岭草原保护和修复（内蒙古高原草原区）

重点在额尔古纳河流域、岭南林草过渡带，严格落实草原禁牧休牧制度，实施划区轮牧和草畜平衡，开展退化草原改良和人工种草，推进额尔古纳河流域和岭南林草过渡带等退化草原修复。

二、西北山地盆地草原区

坚持以水定绿、量水而行，宜林则林、宜草则草、宜灌则灌，防止违背自然规律进行国土绿化。以封禁保护等自然修复为主，适度采取人工种草、草原改良等措施开展草原综合治理。发挥河西走廊区位优势，加强草种良种繁育体系建设，打造中国冷季型草种集中生产区。对应"双重"工程，重点实施北方防沙带草原保护修复、黄河重点生态区草原保护修复、青藏高原生态屏障区草原保护修复3个重大工程8个重点任务。以提升水土保持、水源涵养、生物多样性保护、防风固沙能力为导向，坚持以水而定、量水而行，科学开展林草植被保护和建设，加快退化草原、沙化和荒漠化土地综合治理，使区域重要生态空间得到全面保护和系统修复，生态系统服务功能显著提高，生态固碳增汇能力持续提升，西北山地盆地草原区生态安全屏障体系基本建成。

专栏4-4 西北山地盆地草原区草原保护和修复重点任务

1. 河西走廊草原生态保护和修复

重点在石羊河中下游、黑河中游、疏勒河中下游，全面保护草原和荒漠生态系统，加强沙化土地封禁保护，恢复荒漠植被。加大防沙治沙力度，实施精准治沙，加强荒漠绿洲保护。实施禁牧封育、退化草原改良，休牧轮牧，落实草畜平衡。

2. 内蒙古高原草原生态保护和修复（西北山地盆地草原区）

重点在阿拉善荒漠草原和荒漠地区，严格落实禁牧休牧和草畜平衡制度，加大生态系统保护力度，推动草牧业转型升级，促进草原资源合理利用。加大退化沙化草原生态修复力度，切实提升草原生态质量。

3. 贺兰山草原生态保护和修复（西北山地盆地草原区）

重点在内蒙古贺兰山，以自然恢复和人工辅助修复为主，因地制宜统筹开展植被重建与生态修复；通过实施禁牧休牧轮牧封育、退耕还草、补播改良、鼠虫害治理等措施，精准提升草原植被质量。

4. 塔里木河流域草原生态修复

重点在塔里木河干流、叶尔羌河－喀什噶尔河流域、阿克苏河流域、博斯腾湖，加强草原、荒漠原生植被保护，推进退牧还草、种草改良，以草定畜，严格控制载畜量。大力实施河谷草原生态封育，加强绿洲内部草原生态修复，开展草原盐渍化、沙化综合治理。

5. 天山和阿尔泰山草原保护

重点在天山、阿尔泰山、伊犁河谷、准噶尔盆地，深入推进沙化、退化草原治理，大力开展绿洲内部等退化草原修复，落实禁牧和草畜平衡，提高草原生态质量。

6. 黄土高原水土流失综合治理（西北山地盆地草原区）

重点在陇中地区，以自然恢复和人工辅助修复为主，通过实施禁牧休牧轮牧和草畜平衡、封育、轮作休耕、退耕还草、补播改良、鼠虫害治理、黑土滩治理等技术措施，大力开展退化草原综合治理，提升草原质量。

7. 阿尔金草原荒漠生态保护和修复

重点在阿尔金草原采取自然修复和辅助再生措施，维系生态廊道的生态功能，实现草原生态系统保护和修复。采取自然和人工相结合方式，加强退化高寒草原、高寒荒漠草原修复，实施草畜平衡、草原禁牧休牧轮牧，恢复退化草原生态。

8. 祁连山草原生态保护和修复（西北山地盆地草原区）

重点在黑河源区、柴达木盆地、祁连山北麓，加强源头退化草原恢复。实施草原禁牧休牧和草畜平衡、退化草原治理，加大沙化草原和"黑土滩"型退化草原治理力度。

三、青藏高原草原区

保护高寒草甸和高寒草原，加强高原鼠害、有害植物治理，加大对"黑土滩"等退化草原的修复治理力度，提高青藏高原草原的水源涵养能力，维护江河源头生态安全，保护生物多样性，改善农牧民生产生活条件。对应"双重"工程，重点实施青藏高原生态屏障区草原保护修复、黄河重点生态区草原保护修复、长江重点生态区草原保护修复3个重大工程10个重点任务。全面加强"中华水塔"草原生态保护修复，切实加快长江、黄河、澜沧江等重要水源地草原生态修复治理，提高草原生态质量，提升草原保持水土、涵养水源等重要生态功能。藏西北草原、三江源草原、祁连山草原、滇西北草原、甘南及若尔盖草原、昆仑山－阿尔金山草原荒漠等严格落实草原禁牧休牧和草畜平衡制度，通过补播改良、人工种草等措施，加大退化草原修复治理力度。加强沙化土地封禁保护，采用乔灌草结合的生物措施及沙障等工程措施促进防沙固沙及水土保持，使草原退化现象得到全面遏制，草原生态功能和生产功能显著提升。

案例 4-6 西藏"江水上山"项目打造草原生态修复样板

西藏自治区林业和草原局为了破解造林绿化、防沙治沙、草原生态修复等配套灌溉技术难题，解决长期灌溉运行成本居高的问题，自2019年起，西藏自治区林业和草原局科研人员在2014年林芝市朗县"江水上山"水能提灌技术试验基础上，不断精细化研制"江水上山"提灌设备，还获得多项专利，并逐步推广运用。

目前，西藏主要采取"江水上山"水能提灌技术实施草原灌溉，工程建设区通过采取灌溉、施肥、补播草种、鼠虫害防治等措施快速提升退化草原生态功能，提高退化草原生态修复效果，在全区7市（地）都有推广运用。

"江水上山"水能提灌技术，主要是利用江河水自然流动能量，冲击水能机带动水泵提水上山，用于灌溉需要，不需要电力、燃油及其他能源，还可通过手机远程监控设备运行。该技术具有节能环保、成本低廉、操作简便、经济适用、用途广泛等特点，不仅适用于造林绿化、防沙治沙、草原生态修复，还可以广泛应用于农田灌溉、人畜饮水、市政园林等各个领域。自2019年3月以来，在拉萨羊八井、西藏自治区林木科学研究院、慈觉林等地建设试验点，已完成试验面积5万亩。

"江水上山"项目负责人表示，目前，西藏造林绿化、防沙治沙、草原修复的关键因素就是水，后续会继续加大支持"江水上山"水能提灌技术推广，进一步加

大研发，结合实际逐步扩大应用范围。此外，为拓展"江水上山"项目应用范围，克服第一套试验设备对河流落差要求较大的局限，还在组织研发第二套技术——"江水上山"潜水式水能提水设备。

下一步，西藏自治区林业和草原局将认真贯彻落实自治区党委、政府关于林草工作部署和自治区主要领导"消除无树村、无树户、无树单位"等重要指示批示精神，认真践行"绿水青山就是金山银山、冰天雪地也是金山银山"的理念，进一步加大宣传和推广力度，力争早日将该项技术推向全国各地各个相关领域，让这项原创于西藏的技术更好地服务于国土绿化、生态保护修复和农牧业经济。

专栏4-5　青藏高原草原区生态保护和修复重点任务

1. 若尔盖草原－甘南黄河草原生态保护和修复

重点在四川若尔盖草原、甘肃甘南黄河上游区域，全面保护草原生态资源，加大高寒退化草原治理力度，采取轮牧休牧、人工种草、草原围栏、免耕补播、鼠虫害防治等工程措施，开展鼠荒地、板结草原、黑土滩等退化草原治理，开展草原有害生物监测预警体系建设，推动重点区域荒漠化、沙化土地和黑土滩型等退化草原治理，遏制草原沙化趋势，提升草原生态功能。

2. 祁连山草原生态保护和修复（青藏高原草原区）

重点在青海湖流、黑河河源区、湟水河流域、柴达木盆地、甘肃祁连山北麓区域，加强草原生态保护修复，采取差别化治理措施对沙化草原、黑土滩型退化草原进行综合治理，实施草原围栏封育、禁牧休牧轮牧、鼠虫害防治、毒害草治理等生态治理措施。加强沙化草原和重度退化草原综合治理，落实草原生态补奖政策。

3. 藏东南高原草原生态保护和修复

重点在西藏东部、东南部和云南西北部的高山深谷区，全面保护草原生态资源，优化草原围栏管理，落实草原生态补奖政策，促进草原休养生息、自然恢复；实施黑土滩治理、毒害草治理、鼠虫害治理、飞播种草等工程，逐步恢复重度退化草原生态功能。

4. 藏西北羌塘高原草原生态保护和修复

重点在羌塘高原腹地高寒草原和西北部高寒荒漠草原、念青唐古拉山高寒草甸等区域，落实草原生态补奖政策，优化草原围栏管理，加强毒害草治理、鼠虫害防治、飞播种草，实施黑土滩综合治理，逐步恢复高寒草原和草甸生态功能，切实提升西藏东部、东南部和云南西北部的高山深谷区草原质量。

5. 青藏高原草原生态保护和修复

重点在藏南唐古拉山区域，全面保护草原生态资源，开展草原综合治理，加大高寒退化草甸治理力度，通过人工辅助和生态重塑措施，加强退化草原修复，全面提升藏南唐古拉山地区草原质量。

6. 三江源草原生态保护和修复

重点在通天河流域、澜沧江水源涵养区、隆务河流域、阿尼玛卿山、巴颜喀拉山、唐古拉山南北麓、共和盆地等区域，加强草原生态保护，科学分类推进补播改良、鼠虫害、毒杂草等治理措施，提高草原生产力，对中度以上退化草原进行差别化治理，加大黑土滩型退化草原和沙化草原治理力度。优化围栏布局，提升围栏工程效应。深入落实草原禁牧和草畜平衡等生态补奖政策。

7. 西藏"两江四河"草原生态保护和修复

重点在雅鲁藏布江、怒江上游区域和拉萨河、年楚河、雅砻河、狮泉河流域，加大重度和极重度退化草原综合治理力度，加强极重度退化草原治理及草原有害生物监测预警，科学实施补播改良、毒害草治理、鼠虫害防治、草原围栏等人工干预措施，提升草原质量。继续推行季节性休牧，实施草畜平衡管理，抑制对草原资源的过度利用。

8. 秦岭西部草原生态保护和修复（青藏高原草原区）

重点在秦岭西部，全面保护草原生态资源，科学分类推进补播改良、鼠虫害、毒杂草等治理措施，优化草原围栏管理，提高草原生产力，全面提升秦岭西部地区草原质量。

9. 环青海湖草原生态保护和修复（青藏高原草原区）

重点在达坂山、拉脊山东麓南部地区，全面保护草原生态资源，以自然恢复和人工辅助修复为主，通过实施禁牧休牧轮牧封育、轮作休耕、补播改良、鼠虫害治理、黑土滩等退化草原综合治理等措施，提升河湟地区林草质量。

10. 横断山区草原生态保护和修复（青藏高原草原区）

重点在大渡河流域、滇西北、金沙江干热河谷、金沙江中上游高原区、邛崃－岷山、雅砻江中上游高原等区域，开展黑土滩型退化草地修复和沙化草地治理，统筹开展禁牧休牧、退耕还林还草，采用划区轮牧、草原围栏、以草定畜等措施，加强退牧还草，落实草原生态补奖政策，全面保护草原生态资源。

四、东北华北平原山地丘陵草原区

加强草原监督管理，遏制乱开滥垦、乱采滥挖等违法行为，巩固草原生态修复成果。大力推广低耗水型人工种草，实现草原绿色发展。全面推进农牧结合、种养结合，拓宽农牧民增收渠道，完善草原灾害防控基础设施。积极发展集约化草牧业，拓展草原旅游康养业。对应"双重"工程，重点实施黄河重点生态区草原保护修复、东北森林带草原保护修复、北方防沙带草原保护修复3个重大工程10个重点任务。加强农牧交错带、林草过渡带、草原防沙带、重要河流及其水源地、重要山地等区域草原生态保护修复，实施退耕还草、退牧还草、风沙源治理等工程。通过草原封育、人工种草、草原改良等措施，推动草原正向演替，逐步恢复顶级植物群落；加强林草过渡带生态治理，防治草原沙化；强化农牧交错带已垦草原治理，修复草原生态系统；恢复草原植被，维护江河源头安全，推进河湖湿地生态修复，草原生态功能和生产力水平显著提升。

专栏 4-6　东北华北平原山地丘陵草原区保护和修复重点任务

1. 京津冀协同发展区草原生态保护和修复（东北华北平原山地丘陵草原区）

重点在燕山、太行山、雄安新区及白洋淀，全面保护草原生态资源，大力开展国土绿化，加强永定河、滦河、潮白河、大清河等河流两岸生态治理，开展退化草原修复，全面提升太行山、燕山等地区草地质量。

2. 内蒙古高原东部草原生态保护和修复（东北华北平原山地丘陵草原区）

重点在科尔沁沙地南缘、吉林西部和黑龙江西部，加强草甸草原、典型草原、沙地疏林草原等生态系统保护力度，严格落实草原禁牧休牧制度，实施划区轮牧和草畜平衡。实施封沙育草、飞播种草、退化草原植被修复，提高草原植被盖度，提升草原防风固沙、农田牧场防护、水土保持等生态功能，加强林草过渡带生态治理。

3. 大兴安岭草原生态保护和修复（东北华北平原山地丘陵草原区）

重点在伊勒呼里山、额木尔山、呼玛河、岭南、嫩江上游、额尔古纳河流域，全面保护典型草原植被，严格落实草原禁牧休牧制度，实施划区轮牧和草畜平衡。加强草原保护修复，实施退化草原改良和人工种草，推进重点区域的水土流失治理。

4. 三江平原草原生态保护和修复

重点在松花江下游、乌苏里江流域，严格落实草原禁牧休牧制度，严禁开垦草原和非法占用草原，全面推进退化草原改良和盐碱化草原修复，强化农牧交错带已垦草原治理，实施退牧还草，发展集约化草牧业。

5. 松嫩平原草原生态保护和修复

重点在嫩江中游、松嫩平原东部，加强典型草原、草甸草原保护，严格落实草原禁牧休牧制度，全面推进退化草原改良和盐碱化草原修复，强化农牧交错带已垦草原治理。实施退牧还草，发展集约化草牧业。

6. 小兴安岭草原生态保护和修复

重点在小兴安岭，加强典型草原、草甸草原保护，实施退化草原改良和人工种草，推进小兴安岭南坡等重点区域水土流失治理。

7. 长白山草原生态保护和修复

重点在张广才岭老爷岭、长白山东部、长白山主脉、辽东重要水源地，严格保护天然林草植被，稳步推进流域综合治理、坡耕地水土流失治理和侵蚀沟综合治理，维护江河源头安全，推进河湖湿地生态修复。

8. 黄河下游地区草原生态保护和修复

重点在黄河下游、泰山－沂蒙山，加强典型草原保护，以自然恢复为主、人工辅助修复退化草原植被，实施退耕还草，加强堤岸草地修复，精准提升草原、草地质量，增强区域水土保持与水源涵养功能。

9. 黄土高原草原生态保护和修复（东北华北平原山地丘陵草原区）

重点在汾河谷地、陇东地区、陇中地区、吕梁山、宁夏南部、陕北地区、太行山（山西段）、渭北地区、豫西北地区，全面保护草原草甸，以自然恢复为主、人工修复为辅，通过实施禁牧休牧轮牧封育、退耕还草、补播改良、鼠虫害及黑土滩治理等措施，开展退化草原综合治理，提升草原质量，增强草原防风固沙的能力，建立以灌草相结合的带、片、网防风固沙阻沙体系，减少区域沙化面积。

10. 秦岭草原生态保护和修复（东北华北平原山地丘陵草原区）

重点在秦岭中段（北麓），加强典型草原、草甸草原保护，通过实施禁牧休牧轮牧封育、退耕还草、补播改良、退化草原综合治理等措施，提升草原生态系统质量，维护草原草甸地区生物多样性。

五、南方山地丘陵草原区

提升草原资源开发利用技术水平，加强天然草原补播改良和多年生人工草地建设，增加畜产品供给。强化石漠化和水土流失严重区草地植被恢复，加强重要野生动植物及其栖息地保护恢复，推动长江绿色生态廊道建设。推进林草生态融合、产业融合，提升生态产品开发技术。健全草种业体系，发展草畜一体、绿色高效产业技术，推动草坪草产业发展，建设一批草原小镇，大力发展草原康养休闲产业。对应"双重"工程，重点实施黄河重点生态区草原保护修复、南方丘陵山地带草原保护修复、长江重点生态区草原保护修复3个重大工程9个重点任务。合理开发利用草原资源，积极发展草食畜牧业。加快岩溶地区石漠化草原治理，恢复植被，减少水土流失。完善长江经济带发展战略重大支撑作用，发挥我国南方重要生态安全屏障的功能，使南方丘陵区草原保水固土能力显著增强。

专栏4-7　南方山地丘陵草原区草原保护和修复重点任务

1. 秦岭草原生态保护和修复（南方山地丘陵草原区）

重点在秦岭西段、秦岭中段（南麓），提升星叶草、独叶草、新麦草等重要物种的保护，通过封山育草等措施促进草原植被恢复，提升水土保持能力。

2. 南岭山地草原生态保护和修复

重点在赣江源区、东江源区，开展退化草原植被修复，在北江源区、湘江源区、猫儿山－海洋山，采取人工种草等措施增加岩溶土地植被盖度，减轻石漠化强度，推进长江流域退耕还林还草，构建林草综合立体生态屏障。

3. 武夷山草原生态保护和修复

重点在浙南山地、浙西丘陵、闽西北山地丘陵、闽西南山地丘陵、赣东山地丘陵，加强退化草原恢复，提高林草植被盖度，加强长江流域野生动植物栖息地修复，推进长江流域退耕还林还草，构建林草综合立体生态屏障。

4. 湘桂岩溶地区草原生态保护和修复

重点在武陵－雪峰山、湘西南、大瑶山区、九万大山、红水河、左右江，通过封山育草促进草原植被恢复，强化人工种草、草地改良、封育禁牧，提高轻度、中度石漠化土地的林草生态质量和覆盖度，减少水土流失。选择适宜地区建设草种基地，积极发展草产业。

5. 大巴山区草原生态保护和修复

重点在大巴山北麓和汉江谷地开展退化草地改造和修复，优化草原群落结构，促进草地自然恢复与演替。加大大巴山南麓和嘉陵江流域高山草甸恢复，提高植被覆盖率，优化草原结构。

6. 大别山－黄山地区草原生态保护和修复

重点在皖西大别山地区，以自然恢复和保育保护为主，实施退耕还草，构建皖西大别山生态廊道，改善林草植被结构，营造乔灌草结合的复层群落。

7. 横断山区草原生态保护和修复（南方山地丘陵草原区）

重点在金沙江干热河谷（川西）、金沙江干热河谷（滇西）、邛崃－岷山、大凉山、滇西北、横断山南缘，统筹开展禁牧休牧、退耕还草恢复干热河谷、高寒山地植被，提升林草质量。在大渡河流域建立高原草甸先锋植物群落，采用禁牧休牧、划区轮牧、草原围栏、以草定畜等措施，加强退牧还草，精准提升草原质量。

8. 武陵山区草地生态保护和修复

稳步推进退耕还草，保护和提升清江流域植被质量，加大石漠化治理力度，维护草地整体生态安全。

9. 长江上中游岩溶地区草地生态保护和修复

重点在乌江流域、乌蒙山东部、赤水河流域、滇东北山地、滇中山地、鄂东幕阜山，以自然恢复、保育保护为主，结合人工辅助修复，精准开展退化草原恢复，实施岩溶石漠化综合治理、封山育草、退耕还草、退牧还草、人工草地建设和水土流失治理等生态工程，优化乔灌草群落结构，增加草原综合植被盖度，促进草地自然恢复与演替，提升区域水土保持和水源涵养能力。

第五章

草业高质量发展

草原不是单纯的自然生态系统，它是人—草—畜相互作用的复合系统。草原资源是可再生的自然资源，是第一性生产力。"野火烧不尽，春风吹又生"，无论是水丰土肥还是寒旱贫瘠，牛羊啃食还是打草刈割，小草总能以顽强的生命力扎根在广袤的大地，成为初级生产者和生态环境的守护者。草业是从人类利用草原开始的。草原既是经济发展的生产资料，也是影响牧区人文、社会发展的原动力。从远古时期人们逐水草获渔猎而生存，到农耕时期种草、肥田、打粮，乃至现代发达国家建立草地农业的耕作体制和丰富多彩的产业链，草一直伴随人类发展，在人类生存和繁衍中起着重要的作用。立草为业，人类历史几千年，草业几千年，草业与人类衣食住行形影相随，与社会经济文明同步发展。

第一节　草业的发展历程

2006 年，由原农业部副部长洪绂曾教授任主编的《中国草业史》编委会成立，组织全国 100 多名草业工作者历时五年，编撰出版了草业界的巨著《中国草业史》，全面阐述了我国从原始狩猎业到现代草业的辉煌发展历程。

根据《中国草业史》，我国草业发展历程可以分为四个阶段，即远古至秦代的原始草原狩猎业、秦至鸦片战争的传统草原游牧业、晚清至民国期间的近代草原畜牧业，以及中华人民共和国成立以来的现代草业。

一、原始草原狩猎业

160 万年前，人类先祖走出森林，走向草原，随水而迁，逐草而居，猎兽而生，取物而存，草原便成为人类赖以生存、进化和发展的重要场所。距今 6 万年前的旧石器时代，人类生产方式以草原狩猎业为主，兼具草原采集业和渔猎业。先祖们从食草动物身上直接获取生活资料，随着狩猎工具与技术的进步、人类智力和体力的发展，人类祖先开始将一些捕捉到而又不急于吃掉的幼畜拘禁起来，通过饲养，逐渐驯服，然后再进行牧养。在距今 8000~7000 年的新石器时代，我国的先民已开始在草原上饲养牲畜，形成了游牧的雏形。

二、传统草原游牧业

秦代之后的铁器时代，由于生产工具的进化，狩猎效率的提高，拘禁驯养和繁殖的畜群越来越大，大量的野生动物消失，成群的家畜遍布草原，在我国广袤的草原上形成"逐水草而行"的草原游牧业，这是我国古代传统草业的开始。班固《汉书·晁错》描述了这种游牧生涯："食肉饮酪，衣皮毛，非有城郭、田宅之归居。如飞鸟走兽于广望，美草甘水则止，草尽水竭则移……往来转徙，时来时去，此胡人之生业。"在当时落后原始的社会背景下，草原游牧方式提高了生产力，增强了人类对草原的影响力。在人烟稀少、草场辽阔的情况下，游牧业表现出巨大的优越性。它以极少的投入换取了人们所需的各种畜产品，而且保证了草原的天然更新与持续利用。

三、近代草原畜牧业

中国由于鸦片战争沦为半殖民地半封建社会，草原畜牧业发展也受到了一定的影响。尤其是民国初期，几乎无发展。但是，由于工业革命带来科学技术的进步和生产力水平的提高，交通运输、市场贸易、信息交流和科学理念带来的社会发展日益冲击已经落后的原始游牧业。茶马市场和商品的需求，促使草原优良家畜地方品种形成速度加快，以毛用、皮用和绒用的家畜发展迅速，以生皮、羊毛等为主的畜产品对外贸易跃居出口总额首位，优良家畜品种不断形成。例如，来自呼伦贝尔草原的三河马已有100多年的驯养史。另外，来自荒漠草原的滩羊，于1755年就被列入当时宁夏的五大物产之一，距今已有260多年的历史。此外，像蒙古高原的"河西春秋毛"、阿拉善所产的"王府驼绒"、来自天祝高寒草原的白牦牛以及草原上的著名中草药、名贵山珍野味，都成为贸易的重要内容。

从20世纪30年代起，牧草生产的启蒙教育开始流行。这个时期，农学或畜牧本科开设了属于草业科学范畴的牧草学、草原学和饲料生产学等课程。其中，国内最早开设牧草学的是棉花学家孙逢吉，他在20世纪30年代末于浙江大学开设了牧草学，王栋、贾慎修等于20世纪40年代先后在中央大学

（现南京农业大学）、西北农学院设置牧草课程，讲授牧草学、草原学以及牧草栽培和青贮等。1939 年 7 月，边区政府在延安创建了陕甘宁边区农业学校，内设畜牧科，培养中等畜牧兽医技术人员，并附设农场。1940 年 2 月，延安光华农场内设畜牧组。

针对草原开垦问题和农牧交错带的逐步形成，开始出现"林牧业论"和"农牧并重"的生态草业理念，草地农业系统观念初现萌芽，对当今现代草业思想的发展具有启蒙作用。该时期一批有志之士针对草原开垦和屯田问题提出了"林牧业"的生态思想。开始脱离传统游牧业生产方式，注重放牧管理中的技术推广与应用。

四、现代草业

现代草业主要经历了改革开放前的草业（1949—1978 年）、改革开放后的草业（1979—2011 年）、新时代草业（2012 年至今）三个时期。

（一）改革开放前的草业

新中国成立之初，草业发展十分迅速。国家于 1953 年针对内蒙古自治区、绥远、新疆等地制定了恢复发展畜牧业生产的方针；1957 年，中央召开了牧区畜牧业生产座谈会议，指出畜牧业是国民经济的重要组成部分，号召全党发展牧业。中央还批转了农业部《关于发展畜牧业生产的指示》和中央民族事务委员会《关于牧业社会主义改造的指示》。这一时期制定的牧区和草原畜牧业发展方针、政策和措施符合当时的实际，草原畜牧业发展较快，牧民生产生活条件也有了显著改善和提高。

为了加强草原建设，牧草种子工作得到重视，逐步建立了包括引进、选育和繁殖的牧草种子育体系。20 世纪 50 代起，农业部除安排从苏联引进优良牧草繁殖外，还进行了国内野生优良牧草种子的推广繁育工作。1958 年后，各省份先后建立了草原试验站和牧草种子繁殖场，开展牧草引种、资源采集和繁育试验，为小范围改良草场提供种子。先后从澳大利亚、新西兰等大批量进口了紫花苜蓿、白三叶、小冠花等牧草种子。

1962 年，在北京召开的国家科学技术发展规划会议是草地建设的新起点。会议由时任国家科学技术委员会主任聂荣臻、国务院副总理谭震林主持，周恩来总理作了重要讲话。三位同志都就草原问题发表了意见，形成了关于草原的三点共识：第一，解决中国众多人口吃饭、生活问题，仅靠有限耕地是不够的，必须开发多种资源，其中辽阔草原是重要的方面，从而首次突出了草原事关国计民生的资源价值；第二，中国草原尚未退化，但要预见到潜伏的草原退化危机；第三，急需加强草原科学研究与人才培养。除已建的内蒙古农牧学院草原专业外，提出在甘肃农业大学和新疆八一农学院（1995年更名为新疆农业大学）增设草原专业。

1966年开始的"文化大革命"，破坏了草业发展的最好时期，批判"唯生产力论"，提出"牧民不吃亏心粮"，牧区生产粮食"上纲要"，批判种草种树是"资本主义"的苗，家畜改良是"洋奴哲学"，破坏了牧区"以牧为主"的方针；经济上"以粮为纲"，大肆滥垦草原等，给草原畜牧业带来很大损害，大面积草原遭到开垦，草原畜牧业生产呈下降趋势。全国牧区牲畜年增长率由20世纪50年代的7%下降到2.7%。

1975年，邓小平同志主持中央工作期间，召开了全国畜牧工作座谈会，开始扭转"文化大革命"带来的不良影响。国务院批转了《全国牧区畜牧业工作座谈会纪要》，重申了"以牧为主"的方针和"禁止开荒、保护牧场"、发展畜牧业生产等政策规定。同年，农林部、水利部、商业部等召开畜牧工作座谈会，国务院批转了《全国牧区畜牧业工作座谈会纪要》，草原改良工作在牧区广泛展开，草原区大量围建草库伦和建设人工草地。1979年，农业部在内蒙古巴林右旗召开了全国牧区草原建设会议，会议要求真正把草原建设当作大事来办，这对当时的草地建设起了很大的推动作用。

（二）改革开放后的草业

起始于20世纪80年代，延续到21世纪初。这个阶段草业发展的重大标志是：《草原法》及一系列配套法规的颁布和制定，使草业经济有法可依；草畜双承包，解决了草原地区经济体制的重大问题；以钱学森为代表的科学精英提出"草业"新概念，是草业从依附畜牧业的传统理念走向独立产业和主导产业的开始；任继周院士提出草地农业生态系统的四个层次、三个界面理论，使我国草业发展从此有了理论依据。

1979年，农业部在湖南城步召开会议时提出："要加快农区草山利用建设，草山建设要列入农田基本建设计划。"1982年，农业部召开南方畜牧工作会议，提出"要奖励社员种草养畜，一切可以种草的地方都要尽可能种上牧草""畜牧部门要办好牧草种子基地，做好优良牧草种子繁育推广工作"。

这次会议对于农区草业发展起到了积极的推动作用。

1985 年，全国人民代表大会通过了《草原法》，把草原保护、利用和建设提高到国土治理的重要地位，明确了草原所有权，确定了所有权与使用权可以分离的原则。《草原法》公布前后，一些地方省份也发布了当地的《草原管理条例》或保护草原的通令、布告等。草原管理和草业发展步入法制轨道，可以依法行使对草原开垦、滥挖破坏行为的处罚，对进一步落实草原政策、草原管理和制度建设起到了保驾护航的作用。

1982—1988 年，草原地区相继实行"草场公有、承包经营、牲畜作价、户有户养"的政策，又称为"草畜双承包"。草畜双承包实行草原承包责任制，草原作价归户，发放草原所有证，实行草原所有权、使用权的草原承包制度，初步形成了适应牧区特点的畜牧业经营管理体制，较好地使人、畜、草有机统一于家庭经营之中，这是牧区在畜牧业发展上创造性地贯彻党的农村政策的一大创举。

2000 年，中央决定实施西部大开发战略，推进草地经营进入新阶段。中央制定的西部大开发战略决策明确规定：以基础设施建设为基础，产业结构调整为关键，生态建设为根本和切入点，科技教育为条件，改革开放为动力。草地建设也引起了国家新的重视，并对草原生态保护与建设提出了具体要求。

2002 年，全国人民代表大会常务委员会通过了新修订的《草原法》进一步推进依法治草进程，对改善草原环境、实现草原可持续利用和草原畜牧业可持续发展具有重大意义。还先后启动了退耕还林还草工程、天然草原植被恢复、草原围栏、草种基地建设等工程项目。综合治理的草地比未治理的草地生产力提高 5~10 倍，草原监测体系得到进一步的完善。

2000—2009 年，中央实施"天然草原植被恢复和建设""牧草种子基地""草原围栏""退牧还草"等草原建设和草业生产项目，投资总量达到了 34 亿元。到 2009 年，已建成 76 个种业基地，良繁面积达 45 万 hm^2；饲草种植业初具规模，人工草地保留面积已达 1300 万 hm^2；草产品加工企业已达 190 多万个，部分产品走向国际市场；草坪年创造价值 500 亿元；草原生态旅游业逐步成为草业新的产业支柱之一，仅内蒙古自治区年总收入就达 58.6 亿元；草原药用植物基地近 1000 个，种植种类达 200 余种，年生产量 35 亿 kg。

2010 年，国务院召开常务会议，确定建立草原生态保护补助奖励机制，促进牧民增收。会议决定，从 2011 年起，在内蒙古、新疆（含新疆生产建设兵团）、西藏、青海、四川、甘肃、宁夏和云南 8 个主要草原牧区省份，全面建立草原生态保护补助奖励机制；实施禁牧补助和草畜平衡奖励；落实对牧民的生产性补贴政策。

2011 年，国务院学位委员会第 28 次会议审议批准，在《学位授予和人才培养学科目录（2011 年）》中新增草学一级学科。它标志着草业本科和研究生教育阶位达到了国家学科目录的最高位，巩固和强化了草业与农业、林业、牧业的并列地位，对草业科学和草业生产产生了积极的影响。

（三）新时代草业

党的十八大提出："把生态文明建设放在突出地位，融入经济建设、政治建设、文化建设、社会建设各方面和全过程。"深刻把握习近平生态文明思想的核心内涵，坚持人与自然和谐共生、绿水青山就是金山银山、良好生态环境是最普惠的民生福祉、山水林田湖草沙是生命共同体、用最严格制度最严密法治保护生态环境、共谋全球生态文明建设，成为草原生态文明建设的指导思想，草业发展迈入了生态文明新时代。

习近平总书记始终心系草原，对草原生态保护作出了重要讲话和一系列指示批示。自 2018 年以来，5 次参加内蒙古代表团审议，每一次都强调要保护好草原生态。在 2018 年 3 月 5 日参加审议时习近平特别强调，要加强生态环境保护建设，统筹山水林田湖草治理，精心组织实施京津风沙源治理、"三北"防护林建设、天然林保护、退耕还林、退牧还草、水土保持等重点工程，实施好草畜平衡、禁牧休牧等制度，……在祖国北疆构筑起万里绿色长城。在 2019 年 3 月 5 日参加审议时习近平特别强调，保护草原、森林是内蒙古生态系统保护的首要任务。保持加强生态文明建设的战略定力，探索以生态优先、绿色发展为导向的高质量发展新路子，加大生态系统保护力度，打好污染防治攻坚战，守护好祖国北疆这道亮丽风景线。在 2020 年 5 月 22 日参加审议时习近平强调，要保持加强生态文明建设的战略定力，牢固树立生态优先、绿色发展的导向，持续打好蓝天、碧水、净土保卫战，把祖国北疆这道万里绿色长城构筑得更加牢固。在 2021 年 3 月 5 日参加审议时习近平强调，要保护好内蒙古生态环境，筑牢祖国北方生态安全屏障。要坚持绿水青山就是金山银山的理念，坚定不移走生态优先、绿色发展之路。……要统筹山水林田湖草沙系统治理，实施好生态保护修复工程，加大生态系统保护力度，提升生态系统稳定性和可持续性。在 2022 年 3 月 5 日参加审议时习近平强调，坚定不移走以生态优先、绿色发展为导向的高质量发展新路子，切实履行维护国家生态安全、能源安全、粮食安全、产业安全的重大政治责任，不断铸牢中华民族共同体意识，深入推进全面从严治党，把祖国北部边疆风景线打造得更加亮丽，书写新时代内蒙古高质量发展新篇章。

2016 年，习近平总书记在青海考察时指出，加强环青海湖地区生态保护，加强沙漠化防治、高寒草原建设，加强退牧还草、退耕还林还草、"三北"防护林建设，加强节能减排和环境综合治理，确保"一江清水向东流"。2021 年，习近平总书记再次前往青海考察时强调，要牢固树立绿水青山就是金山银山理念，切实保护好地球第三极生态。要加强雪山冰川、江源流域、湖泊湿地、草原草甸、沙地荒漠等生态治理修复，全力推动青藏高原生物多样性保护。

2019 年，习近平总书记在甘肃考察时指出，保护好祁连山的生态环境，对保护国家生态安全、对推动甘肃和河西走廊可持续发展都具有十分重要的战略意义。要正确处理生产生活和生态环境的关系，积极发展生态环保、可持续的产业，保护好宝贵的草场资源，让祁连山绿水青山常在，永远造福草原各族群众。

2020 年，习近平在中央第七次西藏工作座谈会上强调，保护好青藏高原生态就是对中华民族生存和发展的最大贡献。要牢固树立绿水青山就是金山银山的理念，坚持对历史负责、对人民负责、对世界负责的态度，把生态文明建设摆在更加突出的位置，守护好高原的生灵草木、万水千山，把青藏高原打造成为全国乃至国际生态文明高地。

2022 年 3 月 30 日，习近平总书记在参加首都义务植树活动时指出，森林和草原对国家生态安全具有基础性、战略性作用，林草兴则生态兴。这一论述形象地阐释了森林和草原在保障国家生态安全和经济社会可持续发展中的重要地位和作用。

2021 年 3 月，国务院办公厅印发了《关于加强草原保护修复的若干意见》，明确以完善草原保护修复制度、推进草原治理体系和治理能力现代化为主线，加强草原保护管理，推进草原生态修复，促进草原合理利用，改善草原生态状况，推动草原地区绿色发展，为推进生态文明建设和建设美丽中国奠定重要基础。中国草业发展进入了生态文明建设新时代的快车道。

案例 5-1 甘南草原

甘南草原位于甘肃省西南部的甘南藏族自治州境内，南邻四川阿坝藏族羌族自治州，西南与青海黄南藏族自治州、果洛藏族自治州接壤。根据中国草地区划，甘南草原属于青藏高原高寒草甸和高寒草原区，东部属于高原山地高寒草甸亚区。甘南草原以高寒阴湿的高寒草甸草原为主，是全国的"五大牧区"之一。

甘南草原面积 2.51 万 km^2，主要分布在夏河、玛曲、碌曲三县境内。其中，玛曲是甘肃省主要的牧区和唯一的纯牧业县，其拥有集中连片的天然优质草场 86 万 hm^2。这里气候高寒湿润，地形复杂多样。黄河自西流入这片草原，蜿蜒流淌，复西北出境，形成九曲黄河第一大弯曲，即黄河首曲。黄河环流县境 433km，境内有 37 万 hm^2 的湿地，构成黄河上游完整的水源涵养区。玛曲草原是我国三大名马之一——河曲马的故乡，草原的名字与她孕育的名马一样响亮。

甘南草原所处的甘南藏族自治州是我国十个藏族自治州之一，地处青藏高原东北边缘与黄土高原西部过渡地段，是藏、汉文化的交汇带，是黄河、长江的水源涵养区和补给区，被费孝通先生称之为"青藏高原的窗口"和"藏族现代化的跳板"，并被国家确定为生态主体功能区和生态文明先行示范区。

第二节　构建新时代草业发展新格局

一、草业发展机遇和挑战

（一）准确把握当前草原发展面临的良好机遇

1. 生态文明建设为草业发展提供新动能

党的十八大以来，生态文明建设纳入国家五位一体建设，草原保护与建设得到党中央、国务院的高度重视。2015 年，中共中央以"加快发展草牧业"为题发布了一号文件。2017 年 10 月，习近平总书记在党的十九大报告中谈到生态文明建设时，提出要严格保护草原，加快草原"三化"综合治理，强化生态恢复，扩大退耕还林还草，完成生态保护红线划定工作，加快生态文明体制改革，建立多元化生态补偿机制，健全草原休养生息制度，建设美丽中国。党的十八大以来，国家在草原牧区投入生态保护资金超过 1200 亿元，分步实施了牧草种子基地、天然草原退牧还草、京津风沙源治理等一系列重大草原生态工程项目。通过草原围栏建设、重度退化草原的补播改良等途径，在保护和修复草原生态环境方面取得显著成效。

2. 以国家公园为主体的自然保护地体系建设为草业发展提供新途径

2019 年，中共中央办公厅、国务院办公厅印发了《关于建立以国家公园为主体的自然保护地体系的指导意见》，明确建立以国家公园为主体的自然保护地体系，确保重要自然生态系统、自然遗迹、自然景观和生物多样性得到系统性保护，提升生态产品供给能力，维护国家生态安全，为建设美丽中国、实现中华民族永续发展提供生态支撑。当前我国现在的各类保护区已经达到2750 多个，但是草地自然生态保护区仅为 40 多个，而且草地自然保护区的面积仅占全国草地的 0.6% 左右，省级以上草原自然保护区有 9 个，涉及河北、山西、吉林、黑龙江、宁夏和新疆等 6 省份，所保护的草原涵盖了山地草甸类、温性草甸草原类、温性荒漠草原类等多个草原类型，保护草原面积约 24 万 hm^2，分别占全国自然保护区总数的 0.33% 和面积的 0.16%。总体来看，我国草原自然保护区建设步伐缓慢，一些主要的珍稀草原植物和有代表性的草原生态系统还有待重点保护。在进一步的自然保护地体系建设中，草原作为我国陆地生态系统最大的组成部分，发展潜力还很大。同时，随着人们生活方式的转变及对自然生态体验的需求增大，创建草原自然公园，形成一个集生产、生态、生活一体化的草原生态系统管理模式，以期全面实现草地生态系统服务功能。

3. "一带一路"发展为草业发展带来新机遇

开放是国家繁荣发展的必由之路，推进"一带一路"建设是构建对外开放新格局的重要战略。"草原丝绸之路"自古以来就是我国对外联系的重要途径。新疆、内蒙古、青海、甘肃、宁夏等草原省份是"一带一路"的重要节点。森林草原火灾是当前世界共同面对的自然灾害和突发公共事件之一，与沿线国家共同加强草原保护建设利用，与沿线国家开展草原防灾减灾、草原资源保护利用等生态环境保护重大项目合作，是推进"一带一路"发展的重要内容。同时，治理退化草原，加强草原保护建设利用，也是应对气候变化、承担国际责任和义务的重要举措。

4. 草原生态补奖机制不断完善，农业产业结构调整为草业发展提供进一步的保障

2011 年 6 月，国务院印发了《关于促进牧区又好又快发展的若干意见》并进一步对牧区发展及草原保护建设工作进行总体部署，全面实施草原生态补奖机制，推行禁牧、休牧制度，确保草畜平衡，推动草原畜牧业转型升级。该举措使 1600 余万牧民受益。此外，国务院为了加快构建粮经饲三元种植结构，开展了草牧业科技示范、草牧业发展试验试点及生态畜牧业示范区等建设，并开展了"振兴苜蓿发展行动""粮改饲""振兴奶业发展行动""南方现代草地畜牧业推进行动"等专项工程，形成了一批可复制、可借鉴、可推广的草牧业发展模式，为草牧业的持续发展提供了有力的保障。

5. 新技术应用为草业发展提供有力支撑

"3S"技术在草原管理中的应用使得对草原的长期动态监测成为可能。随着我国无人机遥感技术不断完善和成熟，在草原生态环境、火灾及生物灾害等监测方面也得到广泛使用。依托大数据技术，构建草原生态大数据平台，不仅能够更好地实现草地生态系统的智能化监管，而且还能在不同尺度进行决策分析管理。值得注意的是，我国结合"3S"技术构建草原生态大数据平台系统仍处于起步阶段，如何整合当前各类新技术，构建完善且高效的草原生态大数据平台系统也将成为草原生态系统管理重点研究的方面之一。

6. 国家林业和草原局把草业发展作为重要工作来抓

2018 年，草原监督管理职责划入新组建的国家林业和草原局，原农业部草原监理中心转隶到林业和草原局，成立了草原管理司。局党组高度重视草原工作，多措并举，把草原工作作为核心职能来抓。一是局党组多次听取草原工作情况汇报，集体学习贯彻落实习近平总书记对沙漠蝗防治、山丹马场、草原保护修复等重要指示批示精神。二是开展深入调研，2018 年下半年，局领导分别带队集中分赴草原省份调研草原工作，领会中央改革意图，贯彻落实中央改革精神。近年来，局领导还多次就草原保护修复、草原生态补奖政策等调研。三是 2019 年 7 月，召开了第一次全国草原工作会议，统一司局单位、各省林草部门思想认识，将草原工作纳入整体布局。四是加强生态文明制度建设，制定出台了包括《关于加强草原保护修复的若干意见》《草原征占用审核审批管理规范》等，加强草原工作顶层设计。五是讲求实效，成立了沙漠蝗防治、《草原法》修改领导小组，局领导任组长，统筹推进相关工作。同时，国家林业和草原局还完成了《中华人民共和国森林法》修改、推进林长制、推进以国家公园为主体的保护地建设等工作。

（二）清醒认识草业发展面临的严峻形势

1. 草原生态极其脆弱

大部分草原自身的生态环境脆弱。草原处在森林与沙漠的中间地带，是最易发生荒漠化的生态系统。当前，由于草场退化、土地沙化、生物多样性锐减、草场用地规划变更等原因，草原生态环境已成为国家生态安全的薄弱环节。

人类活动加剧草原退化。在人类发展史中，草原的生产属性一直强于生态属性，大量优质草原被开垦为耕地，剩下的草原也面临超载过牧的威胁，加上气候变化因素，许多草原退化严重。长期以来，我们对草原的保护并没有像山水林田湖那样重视，对草原的索取远大于回馈，草原得不到休养生息。全国草原退化依然严重，我国每年新增的荒漠化土地，80% 是因草原退化造成的。2013—2018 年，全国共查处各类草原违法案件 9 万余起，向司法机关移送涉嫌犯罪案件 2700 余起。近 10 年，我国耕地面积增加了 10%，主要来源于对草地的开发开垦，加上违规开矿、修路、旅游开发等因素，导致草原遭到不同程度的破坏。主要草原牧区人口、牲畜数量增加了 3 倍左右，草地数量不断下降，草原不堪重负。受自然、地理、历史和人为活动等因素影响，草原生态保护欠账较多，人草畜矛盾持续存在，统筹草原环境保护与牧区经济社会发展难度大。

长期不合理的利用，以及气候变暖、水平衡紊乱等因素，导致草原生态退化。与 20 世纪 80 年代相比，目前，我国仍有 70% 左右的天然草原存在不同程度的退化，中度和重度退化达到 30%，荒漠化面积不断增加。草原生态环境恶化，不仅制约着草原畜牧业发展，影响农牧民收入增加，而且直接威胁国家生态安全。近十年来，特别是党的十八大以来，国家加大对草原生态保护修复的投入，初步遏制了总体上退化的趋势，整体开始好转，但草原生态脆弱的状况没有改变，形势依然严峻。

2. 对草原和草业重要性及复杂性的认识仍然不足

一直以来，草原的存在感不强，"小草""草民""斩草除根"等词汇，说明了草原容易被忽视或者看低。

以往，受"以粮为纲"的传统农耕思想和"大木头"传统林业思想观念的影响，草原长期没有引起足够的重视，加上草原工作本身的复杂性，使得草原工作基础非常薄弱，存在着系统性的不足。向草原要耕地、向草原要林地的思维惯性仍然存在。

草原是生态资源，也是生产资料，与牧民生计交织，草原双承包以后，生产关系更加复杂。草原牧区大多处在欠发达的地区，生产基础设施薄弱、建设资金不足、种养殖技术落后，牧区自身的生产能力不强，一些牧区生产仍处在"靠天吃饭"的自发状态。特别是高寒地区牲畜饲养"夏饱、秋肥、冬瘦、春亡"的怪圈仍未打破。由于畜牧密度对草场承载的压力，草原生态保护与开发利用的矛盾突出。草原生态补奖资金少，加上点多面广、资源要素配置的灵活度不高、缺乏市场化运作机制等原因，草原建设的政策红利尚未得到充分释放，草原政策的效能不足，协同治理草原的社会参与度和积极性不高。面对生态保护、经济发展、能源基地建设等多重任务，以往的草原保护手段已经难以满足新的发展需求，草原治理能力亟待加强。社会上对草原这种人、草、畜、地、水耦合的复杂生态系统的复杂性认识不足，以为草原很简单，重视不够。

3. 草原底数不清

一是资源家底不清。我国仅在 20 世纪 80 年代组织开展了第一次全国草原资源调查，根据调查结果，我国天然草原面积近 60 亿亩。30 多年来，我国草原资源数量、质量发生了较大变化。但多年来国家一直未再次开展全国范围的草原资源调查，多年未更新，已不能客观反映草原真实状况。目前全国草原面积、分布、草原生态等缺乏详细准确的数据，无法满足当前草原管理实际工作需要，已成为提升草原保护和管理水平的一个重要制约因素。二是草原监测指标体系不够完善。草原是重要的生态资源，现行监测指标偏重于生产功能，对生态的侧重不够。三是草原指标没有纳入考核体系。在生态文明和美丽中国建设评估指标体系中，只包括了森林覆盖率、湿地保护率、水土保持率、自然保护地面积占陆域国土面积比例、重点生物物种种数保护率 5 个生态良好指标，尚缺乏草原方面的指标，并且原有监测指标比较关注畜牧业、草原植被等，固碳释氧、草原根系土壤等生态指标较少，而且原有草原分类标准偏重学术性，考虑功能、用途较少，存在一定局限性。

4. 草原和草业工作基础薄弱

草原基层机构和队伍减少弱化。机构改革前，与其他自然资源管理相比，草原管理机构队伍就比较薄弱，但是在草原大省都设有相对比较健全的草原监理和草原技术推广体系。机构改革后，虽然国家和省级层面草原行政管理力量得到一定程度的强化，但市级、县级草原行政管理机构存在明显弱化的现象。特别是各级草原技术推广机构的力量流失严重，草原监督管理机构残缺不齐，草原监管力量大幅削弱。全国草原执法人员从改革前的 1 万多人，变为不足千人，有些地方草原执法监督队伍不复存在，违法违规开垦草原、滥采乱挖等行为得不到及时有效的查处。

科技体系不健全。由于目前国家林业和草原局尚无专门的草原科研机构，而中国农业科学研究院草原研究所仍隶属于农业农村部，这种状况对国家林业和草原局和草原研究所均有不利影响。对国家林业和草原局来说，缺乏强有力的科研机构提供科技支撑，组建新的机构队伍不仅受编制制约，而且需要较长的时间和较大的成本才能逐步建立一支能够发挥支撑作用的机构队伍。对草原研究所而言，今后在承担草原保护修复科研项目方面，存在体制障碍，专家将面临无用武之地的状况，造成资源浪费。

草原保护修复投入不够。全国草原中度和重度退化草原仍占 1/3 以上，草原鼠虫灾害频发，草原生态系统自我修复能力下降，草原整体生态质量不高。"十三五"期间，草原保护修复工程项目年均投入约为 60 亿元，治理规模有限，与承担的修复治理任务不相匹配，不能满足新时代深入开展退化草原修复治理的需要。

林草融合发展不够。面对新形势，我们突出了林草融合发展，从统筹山水林田湖草沙系统治理、贯彻落实党和国家机构改革战略意图、履行林草部门职责的高度充分认识推进林草深度融合的重大意义。认真履行草原保护修复和监督管理职能，统筹推进林草生态保护修复，构建林草一体化调查监测体系，充分发挥种草绿化在国土绿化中的重要作用，加快补齐草原工作短板。

二、以新发展理念推动草业新发展格局

进入新时代，国务院办公厅印发《关于加强草原保护修复的若干意见》（以下简称《意见》）为草原发展指明了方向。坚持绿水青山就是金山银山、山水林田湖草沙是一个生命共同体理念，按照节约优先、保护优先、自然恢复为主的方针，以完善草原保护修复制度、推进草原治理体系和治理能力现代化为主线，加强草原保护管理，推进草原生态修复，促进草原合理利用，改善草原生态状况，推动草原地区绿色发展，为建设生态文明和美丽中国奠定重要基础。

（一）夯实草原工作基础，构建林草一体化工作格局

抓好《意见》贯彻落实，强化规划引领。进一步提高认识，把草原保护修复工作摆在重要位置，加强组织领导，周密安排部署，确保取得实效。国家林业和草原局要编制落实《全国草原保护修复和草业发展规划》，指导地方编制本地区规划，明确重点任务和具体措施，充分发挥规划引领作用。林业、草原、国家公园是林草系统的核心职能，三者要统筹推进，协调发展。由于历史原因，相比林业，草原工作相对薄弱，需要加快补齐短板，特别是基础工作的短板。在林草综合监测评价框架内，及时摸清草原详细数据，为科学履职尽责、推进高质量发展提供基础支撑。林草湿荒监测评价不能自成体系、各搞一套，要形成合力，一体化推进。

（二）强化资源保护，构建草原保护体系

加快推进草原法修改，不断完善草原法规制度体系。完善落实基本草原保护制度、草原禁牧休牧制度和草畜平衡制度。加大草原执法监管力度，强

化草原资源用途管制，依法查处各类破坏草原资源和生态环境的违法行为，探索建立草原资源保护工作约谈机制。推进草原自然保护地建设，优先把青藏高原、北方防沙带、长江流域、黄河流域等国家生态屏障内的草原严加保护。开展国有草场试点建设，在一些生态脆弱、区位重要的退化草地和荒漠化土地，开展规模化治沙和退化草原修复工程，建立国有草场，加强保护管理，固化生态文明建设成果，逐步把国有草场打造成新时代草原生态保护利用先行示范区。

要把重要的草原纳入以国家公园为主体的自然保护地、生态红线、基本草原范围，实行严格保护。对自然保护地中的草原、生态保护红线内草原、基本草原、其他天然草原等，制定不同的管控措施，实行差别化分类管理，提高草原资源保护的针对性、精准性和有效性。加快草原自然公园建设，增加自然公园产品供给，满足人民群众多样化绿色空间需求。不断推动国有草场试点建设，探索开拓草原生态修复与草产业发展协调统一、相互促进的新模式，逐步把国有草场打造成新时代草原生态保护利用先行示范区。要在保护草原生态的前提下，统筹规划草原开发利用，科学指导放牧管理，避免掠夺式经营，防止过度开发，守住生态保护的红线、环境容量的底线、开发利用的上限，促进草原资源永续利用。加快推进《草原法》修订，积极推进《基本草原保护条例》、部门规章和地方性法规的制修订工作。加大草原执法监管力度，依法查处各种破坏草原资源和生态环境的违法行为。强化草原资源用途管制，依法从严审核矿藏开采、工程建设征占用草原。严格按照《中华人民共和国行政许可法》《草原法》等法律法规，开展征占用草原行政许可委托监管工作。强化事中事后监管，采取"双随机、一公开"检查、专项抽查等方式，对占用草原建设项目进行全过程监管，发现违法违规审批、少批多占、擅自改变审批地点等行为，依法严肃查处。

（三）加大草原修复力度，提高生态系统质量和稳定性

按照《全国重要生态系统保护和修复重大工程总体规划（2021—2035年）》的生态修复思路，嵌入和实施草原保护修复重大工程，针对不同区域、不同类型和不同退化程度的草原，采取有针对性的修复治理措施，加快退化草原植被和土壤恢复，提升草原生态功能和生产能力。大力发展草种业，加强优良草种选育、扩繁和推广利用，不断提高草种自给率，满足草原生态修复用种需要。主推"羊草等优质乡土草种+成熟技术"的修复模式，确保修复

一片、成功一片。推进种草改良任务要求"上图入库"，实行精确化、标准化管理。做好草原有害生物普查工作，细化普查任务，充分发挥专家作用。要严格执行草原生物灾害绿色防治计划，优化防治作业设计，落实各项绿色防治任务。开展国有草场建设工作，创新草原资源监管模式，发挥国有草场体制机制、集约化管理、资源优化配置等优势，提升草原生态修复治理能力，更好地巩固草原生态保护修复成果。

（四）科学开展绿化，扩大种草面积，提高林草覆盖率

认真贯彻国务院办公厅印发的《关于科学绿化的指导意见》，坚持以水而定、量水而行，宜绿则绿、宜荒则荒，科学恢复林草植被。北方防沙带要加大封禁保护力度，建设以灌草为主、乔灌草合理搭配的林草植被；年降水量400mm以下干旱半干旱地区要以恢复灌草植被为主，防止过度用水造成生态环境破坏；干旱缺水、风沙严重地区要优先选用耐干旱、耐瘠薄、抗风沙的灌木树种和草种；青藏高原区要严格保护原生植被，主要依靠自然恢复天然植被，适度开展退化土地治理修复和人工草场建设。充分利用草类植物地表覆盖好、蓄水保土效果强、建植速度快、成本相对低等优势，加大种草在国土绿化中的比重。在"三北"工程六期规划和防沙治沙规划中，严格作业设计，落实乔灌草结合的方针，提高种草改良比重。造林的同时配套种草，既能减少地表裸露，促进保水保土，有利于林木成活生长，还能营造林草复合生态系统和多维立体景观。在河湖堤岸滩地建设护坡草带，既能保护河湖堤岸，也能绿化美化环境，既不影响洪水期行洪，还可以在非洪水期放牧利用，可谓一举多得。在城乡绿化中尝试种植观赏草、景观花草，增加乡土草坪绿地，满足人民群众休闲、游憩、运动需求。研究创设草原覆盖率指标，把盖度大于20%的草原纳入草原覆盖率计算，并进一步与森林覆盖率融合，形成林草覆盖率，用于考核评价各地生态建设成效。通过国土绿化不断扩大森林和草原面积，提高林草覆盖率，提升国土绿化质量。

（五）提高草原科学利用水平，助力乡村振兴

在保护草原资源和生态的前提下，发挥草原的多功能价值，提高资源科学利用水平，促进绿水青山源源不断地转化为金山银山。通过草原生态修复，提高草原生产能力，改良提升牧草品质，增加草原承载能力，支撑草原畜牧业持续发展。鼓励北方大力发展羊草等优质乡土草种种植，在提高草原生态质量的同时，提高优质牧草产量，促进生态、生产、生活"三生"共赢。鼓

励南方水热条件适宜地区种植生长速度快、生物产量高的高大禾草，作为发展畜牧、食用菌、造纸、能源等产业的原料。鼓励各地根据本地区水热条件、适宜程度积极开展林下种草，科学合理利用林地资源，增草护林。挖掘草本植物药用、保健、食用、饲料添加剂、精油提取等功能价值，支持发展草产品深加工产业。充分发挥草原生态文化功能，打造一批草原旅游景区、度假地和精品旅游线路，推动草原旅游业和生态康养产业发展。挖掘若尔盖、红原等红军草原，金银滩原子城草原等革命历史文化遗产，打造一批国家红色草原教育基地。向"七一勋章"获得者——廷·巴特尔学习，带领农牧民保护草原生态，科学养畜增收致富。引导草坪业健康发展，坚持政府引导、市场主体、科技支撑、创新发展的原则，推广建植低耗水、抗病虫害、耐踩踏、节土节肥型草坪。丰富拓展农牧民增收渠道，促进牧区同步实现乡村振兴。

（六）加大科研支持保障，提升草原科技支撑能力

要积极推动设立草原重大科技专项，加强草品种选育、草种生产、退化草原植被恢复、人工草地建设、草原有害生物防治等关键技术和装备的研发推广，尽快在退化草原修复治理技术、生态系统重建、生态服务价值评估等方面取得突破。要加强草原碳汇计量监测技术研究，充分挖掘草原碳汇潜力，为应对气候变化、实现碳达峰碳中和目标作出贡献。加强草原重点实验室、长期科研基地、定位观测站、创新联盟等平台建设，构建产学研推协同机制，提高草产业科技成果转化效率。加强草原学科建设和高素质专业人才培养，各相关部门要加大对草原专业人才招收和引进，建立专业高效的基层机构队伍。

（七）全面落实林（草）长制，完善保护修复草原工作机制

林（草）长制是以习近平生态文明思想为指导的重要改革举措，是林草监管体制和领导机制的重大创新。大力推行林（草）长制，压实地方党委政府主体责任和属地责任，落实部门责任，加大草原监管力度，把草原保护修复工作摆在与森林资源保护管理、国家公园等自然保护地建设同等重要的位置，统筹研究，整体部署，协同推进。要明确林（草）长制草原考核指标，包括草原修复利用工作安排部署情况，草原保护修复利用规划编制情况，草原承包经营、基本草原保护、草畜平衡、禁牧休牧制度落实情况，草原调查监测、草原违法案件查处、草原保护修复工程实施情况，草原生态补奖政策落实情况等定性考核指标，也包含草原综合植被盖度、林草覆盖率等定量考

核指标。要用好考核指标这根"指挥棒"，将考核结果作为党政领导干部考核、奖惩和使用的重要参考，做到定责、履责、督责、问责环环相扣，形成闭环。

案例5-2　菌草及菌草技术在草业发展中的重要作用

一、菌　草

菌草，有人将其称为"幸福草"。在巴布亚新几内亚等国家，菌草被当地百姓亲切地称为"中国草"。它已在中国31个省份和全世界100多个国家落地生根。

菌草到底是什么草？简单地说，这是一种可用作食用菌、药用菌栽培的高大草本植物。1996年，来自中国、澳大利亚、美国等国的专家学者在福建福州参加首届菌草业发展国际研讨会，菌草从此有了中英文名称和定义。直到现在，国际上菌草的英文名字都是汉语拼音"juncao"，因为菌草技术是我国拥有完全自主知识产权的原创技术。

菌草源自自然界，但目前在生产上应用的菌草，是经长期系统选育而得的一个新的类别。

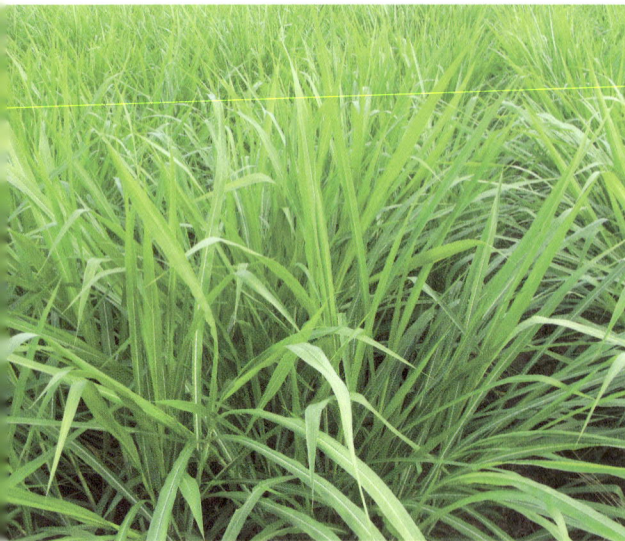

菌草有什么用？最初，它被用于食用菌、药用菌的培养基，栽培出优质食药用菌。经过多年选育、创新，其功能也从最初的"以草代木"种菇，拓展到菌草饲料、菌物肥料、菌草生物质能源开发等领域。

菌草还是生态治理的先锋植物。它根系发达、光合效率高、适应性广，耐旱、耐盐碱、耐瘠薄，抗逆性强、保水保土。其中，巨菌草高度可达7m，富含内生固氮菌，可在坡地、沙地、盐碱地快速生长，能有效改良盐碱地。福建平潭的幸福洋滩涂盐碱地，见证着盐碱地变菌草良田的奇迹。在这片重度盐碱地，经过4年试验，他们筛选出的'绿洲1号'菌草，可以在含盐量9‰以下的盐碱地种植生长。

1993年，林占熺在福建长汀、连城两县的严重水土流失地种植菌草，取得很好的蓄水保土效果。1994年，他在山东实施菌草技术扶贫时，路过黄河边，看到河床裸露、黄河断流，他便下定决心，要把菌草带到黄河流域去。2010年，他在宁夏永宁县闽宁镇戈壁滩种植菌草，其鲜草亩产量达20t；2013年，他和团队驻扎内蒙古阿拉善盟乌兰布和沙漠，种下的菌草在多次"死而复生"后，终于让流沙得到治理。如今，菌草已在黄河沿岸9省份种植。2022年，在黄河内蒙古段流沙严重区域，种植菌草不到100天，已阻止约1400t的黄河输沙量。其中，2013年在阿拉善菌草防风固沙示范基地种植的菌草，其根系至今仍具有很强的固沙作用。

总之，虽然叫菌草，但它如今的应用范围已远远超过"用于栽培食药用菌的草本植物"的最初定义。林占熺一直期待，菌草能成为造福更多人的"幸福草"，也期待有一天，菌草能在生态治理上发挥更大作用，筑起地球生态安全屏障，成为造福子孙后代的"生态草"。

二、菌草技术助推现代草业高质量发展

发明菌草技术的人是福建农林大学教授、国家菌草工程技术研究中心首席科学家林占熺。菌草技术是"以草代木"发展起来的中国特有技术，实现了光、热、水三大农业资源综合高效利用，植物、动物、菌物三物循环生产，经济、社会、环境三大效益结合，有利于生态、粮食、能源安全。这一技术问世已推广至全球100多个国家，合作紧扣消除贫困、促进就业、可再生资源利用和应对气候变化等发展目标，为促进当地发展和人民福祉发挥了重要作用。国际生态安全合作组织曾授予中

国菌草技术"世界生态安全奖"，是这项技术巨大的社会效益与经济效益的一个有力证明。

1. 以草代木，破解"菌林矛盾"世界难题

20世纪六七十年代，世界上香菇、木耳、灵芝等食用菌和药用菌人工栽培基本都以木材为原料，在我国每年仅栽培香菇一项就要砍伐阔叶林1000万 m^3 以上，由此产生了严重的生态问题和"菌林矛盾"。为了保护珍贵的森林资源，同时寻找到一条能让老百姓脱贫致富的菌业可持续发展新路，我国开始了"以草代木"栽培食药用菌研究。1986年，终于成功培育出可做栽培食药用菌培养基的草本植物——菌草，并逐渐摸索出一套运用菌草栽培食药用菌和生产菌物饲料、菌物肥料的综合技术。

菌草技术有效解决了"菌林矛盾"这一世界难题，开辟了"菌"与"草"交叉科学研究与应用新领域，为草业和菌业科学拓展了新的应用功能，为保护生态环境、促进可持续发展开辟了新途径。这一发明很快引起国内外关注，获得多项国际大奖，国际专家称赞其开辟了"为人类提供优质菇类食品和为畜牧业提供优质饲料的最合理最经济的新途径"。联合国粮农组织专家考察后认为："在新世纪，运用菌草技术发展菌草业将成为发展中国家保护生态环境、增加就业、消除贫困的重要途径。"

在菌草技术研发之初，利用分布广泛的芒萁、类芦、斑茅、五节芒等野草作为培养料栽培食药用菌。之后，经过30多年系统选育，已经筛选出高产优质菌草草种

49 种，可栽培 58 种食药用菌。菌草栽培食药用菌周期短、效益高。菌草种植后 3~6 个月就可采收，3t 鲜草可以产 1t 鲜平菇，成本比用木屑低 10%~20%，而且栽培出来的食用菌营养丰富、品质好、风味佳，药用菌有效药用成分含量高。当前，我国已经建立了菌草种质资源圃和数据库，建立了巨菌草、绿洲系列组培快繁体系，收集筛选出适宜菌草栽培的食药用菌菌株 821 株，筛选出 358 个菌草栽培食药用菌配方并研发相应配套的栽培工艺技术及生产模式。

2. 综合利用，发展菌草循环产业

菌草是新技术、新领域、新产业，也是新型生物材料和农业资源。从最初的栽培食药用菌，拓展到菌草饲料、菌草菌物饲料、菌草菌物肥料和生物质能源与材料开发等领域，围绕"植物—菌物—动物"三物循环生产，我国开展了系列的研究与推广应用，建立起菌草综合利用技术与产业发展体系，实现一草多用、综合利用、循环利用。

菌草生长快、产量高、营养丰富、适口性好，可直接用作牛羊猪鹅鹿兔鱼等的饲料，经发酵可生产优质高蛋白饲料，解决畜牧业发展中饲料紧缺问题。而且，菌草种植无须施农药，比起农作物秸秆是更为安全的饲料和菌料。利用菌草和菌糟生产菌物饲料及饲料添加剂，可作为动物功能性或保健饲料。菌草及菌糟还可生产优质有机肥料。

菌草在生物质能源与材料开发中也有用武之地。以草代煤发电，每千克巨菌草热值为 14985KJ，碳排放与燃煤相比大大减少。菌草产沼气量可达 548.3m³/t，比玉米、小麦等农作物秸秆产沼气高 1 倍。菌草也可用于生产乙醇、生物柴油，是可再生能源。利用'绿洲 1 号'菌草生产密度纤维板，质量优良。据中国制浆造纸研究院检测，巨菌草可以用来生产高档纸浆。

在我国与世界各国应用的实践证明，应用菌草技术发展菌草业，能高效利用太阳能、土地和水三大农业资源，形成植物、菌物与动物对资源的高效循环综合利用，实现经济、社会和生态三大效益相统一，有利于生态、食品、能源安全，是高产、优质、高效、安全、生态的新兴产业。

菌草技术已成为一项保护生态、带动增收和促进可持续发展的综合性技术。目前，菌草技术已在 31 个省份 506 个县推广应用，并传播到全球 100 多个国家，为我国脱贫攻坚和国际减贫事业作出了积极贡献。2017 年 5 月，菌草技术被列为"中国-联合国和平与发展基金"重点推进项目向全球推广，为构建人类命运共同体和落实2030 年可持续发展议程贡献中国智慧、中国方案。

三、改善生态，成为生态治理的先锋植物

菌草技术为保护生态环境而发明。30 多年来，我国菌草科研团队先后在福建、贵州、新疆、西藏等地和沿黄河 9 个省份，在不同气候地理条件下，开展利用菌草治理水土流失、治理荒漠、防沙固沙、治理盐碱地、治理石漠化、治理砒砂岩、矿山植被修复、滨海防风固沙等系列试验示范，攻克了一个个难题。

巨菌草、'绿洲1号'菌草等作为生态治理的先锋植物，生长快、生物量大，而且根系发达，保水保土、防沙固沙效果好，适应性强，无生物侵害性。其中巨菌草富含内生固氮菌，可在坡地、沙地、盐碱地、贫瘠土地上快速生长。一株巨菌草生长150天，固沙面积达18.8m²。在内蒙古自治区乌兰布和沙漠实验基地，2013年种植的巨菌草收割后，其根系至今已9年，仍有良好的固沙作用。种植巨菌草和'绿洲1号'菌草后，沙地有机质含量分别增加了58.97%和197.43%。经研究，巨菌草等还有吸附重金属、改良盐碱地等功能，可有效改良土壤、净化水质。

目前，已在沿黄河9个省份40多个县市建立示范基地或产业园区，形成了黄河上中下游不同类型生态脆弱地区菌草生态治理的系列关键技术和多种产业发展模式，为建设黄河千里菌草生态安全屏障和菌草新型产业高质量发展提供了科学依据和技术支撑。

第三节　大力发展现代草业

全面提升草资源利用效率和生产技术水平，不断优化草产业结构，提高草原生态产品供给能力，有力助推乡村振兴和经济社会发展，持续增强服务国家战略能力，有效维护国家生态安全和食物安全。

一、大力发展草种业

（一）建立健全国家草种质资源保护利用体系

开展草种质资源普查，分区域建设一批草种质资源库（圃），涵盖草种质资源库、资源圃及原生境保护地，构建起原生境保护、迁地保护和设施保护为一体的草种质资源保存体系，实现草种质资源收集保存的标准化、规范化；建设国家草种质资源信息服务平台和草种质资源数据库；建立完善草种质资源收集保存、鉴定评价、创新利用和共享服务的技术体系。

（二）加强草种关键核心技术攻关

推动原创技术、基础技术取得突破，开展草种审（认）定。加大优良乡土草品种的选育及种子扩繁工作。大力发展拥有我国自主知识产权的育种技术和品种。加强优良草种特别是优良乡土草种选育、扩繁、储备和推广利用，不断提高草种自给率，满足草原生态修复和现代草业发展用种需要。

（三）积极培育健康有序的草种市场和龙头企业

扶持一批"育繁推"一体化草种企业，激发草种经营主体活力，降低经营者制度性成本，打通产供销各个市场环节。加强草种质量监管，保护知识产权，严厉打击草种套牌、侵权等行为。

二、大力发展草牧业

（一）挖掘天然草原生产力潜力

加大草原保护修复力度，提高草原生产能力，改良提升牧草品质，增加草原承载能力，支撑生态草牧业持续发展。实施科学放牧管理，促进草原生态系统健康稳定。统筹规划草原开发利用，科学指导放牧管理，避免掠夺式经营，防止过度开发，守住生态保护的红线、环境容量的底线、开发利用的上限，促进天然草原资源永续利用。

（二）大力建设优质人工草地

依据当地水热资源条件，在适宜地区支持人工草地建设，鼓励北方大力发展羊草、冰草、针茅、无芒雀麦、披碱草等优质乡土草种种植，鼓励南方水热条件适宜地区种植生长速度快、产量高、品质优的禾草，采取人工措施提高草原牧草产量和质量，逐步形成优质人工牧草生产基地，为生态草牧业可持续发展做有益补充。

（三）探索发展新型经营模式

培育龙头企业、专业合作社、家庭牧场等新型经营主体，实现市场牵龙头、龙头带基地、基地连牧户的模式，逐步形成强强联合、以强带弱的现代化企业管理体系，发展一批贸工牧、产供销、牧科教等多种形式一体化生产的经营实体，促进我国草牧业生产集团化、产业化。

案例5-3　德邦大为集牧模式（MIG）助推现代草业发展

MIG（Modern Intensive Grazing），即现代集约式草地牧养技术的缩写。本方法是集草原修复、荒漠化治理、饲草品种组合、免耕播种、种子包衣、高效用水、高强度轮牧、冬季牧养、电子围栏、混合牧养、快速羊舍、一站式防疫检疫、微生物、家畜粪污再利用、光伏发电、AI 大数据（互联网）等各类技术为一体的技术集成。

集牧技术为北京德邦大为科技股份有限公司研发，该技术不同于目前多数所采用的"囚禁式"饲喂方式，它充分利用反刍动物的自然属性，是一种低成本、高效率、高环保、高生态牧养反刍家畜的技术。具有标准化运营、复制性强、产业化发展快、产品可追溯等特点，是不同于其他任何饲养模式的独创的饲养方法。

目标：提高草原植被覆盖度 95% 以上。土壤有机质含量每年提高 1 个百分点，三年达到 2.5% 以上。

践行："绿水青山就是金山银山"理念。

执行准则：双生（生态和生济）兼顾，草畜平衡。

技术内容：

（1）草原改良部分，即通过多科牧草混播，采用免耕包衣技术，在不破坏草原植被情况下，提高草原生产力。

（2）集牧专用圆形喷灌机，即通过喷灌机实现水肥一体化作业，节水节肥。并可通过喷灌机管理羊群。

（3）羊舍部分，该羊舍可拆装，工厂化加工，现场组装，成本低，建设快。

（4）电子围栏系统，通过电子围栏，控制羊群的活动。

（5）数字系统，通过电子耳标跟踪和监控羊群的体况、健康程度、生产性能等。

（6）一站式防疫系统，羊群的所有健康与防疫等措施，在一站式的系统的完成，节省时间和劳力。

MIG"集牧"项目的饲养工艺如下图：

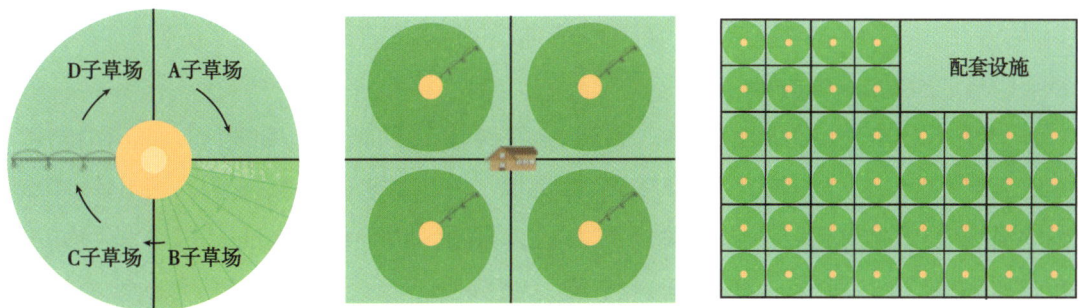

集牧圈
每个环形集牧圈 600 亩，年饲养量 2000 只羊。
传统游牧：年最高载畜量 50 只羊。

集牧单元
四个环形集牧圈为一个集牧生产单元 2800 亩，年饲养量 8000 只羊。
传统游牧：年载畜量 140~280 只羊。

集牧场
十个集牧区为一个集牧场 28000 亩，年饲养量 80000 只羊。
传统游牧：年载畜量 1400~2800 只羊。

三、稳步推进草坪业

（一）建立优质草坪草种选育体系

对我国草坪植物资源开展全面系统的调查、评价和开发利用，加强国内草坪草种的驯化和选育，培育具有节水、抗旱、抗寒、抗病虫、耐踩踏、适应能力强的本土草种。加强合理修剪、节水灌溉、施肥施药、科学防治病虫害等系列养护管理，实现从单一绿化，到绿化、美化、生态安全的高质量发展。

（二）加大草坪草领域科技创新

加大草坪技术研究投入，提高科技含量，加强对草坪专用肥、农药、机械产品的开发，提高市场竞争力。从科技创新角度探索解决草皮种植用地问题。注重科技成果转化，理论联系实际，提高实际应用能力，培养和造就一批高素质的科技人员。制定行业标准，优化标准体系，提高标准质量，强化标准管理。构建不同地区、不同类型的草坪建植、管理技术规程，草坪草种子质量标准，草坪建植质量标准，草坪肥料、农药、机械标准等，规范市场竞争，促进草坪业市场健康发展。

（三）培育市场经营主体

推进草坪企业品牌建设，培育龙头企业、产业园区和示范基地，集中优势资源，形成全产业链条。通过培育龙头企业，引领草坪产业品牌建设，增强自身竞争力，发挥规模效应，带动草坪产业快速发展。

四、积极发展草原产业

（一）发展饲草种植业

开展人工饲草料基地建设，引进饲草料新品种，进行试验、示范和推广，促进优质饲草培育，提高饲草单产和质量。推广饲草青贮技术，突出饲草料基地建设模式创新，采取内联外扩方式建植优质饲草料基地。饲草植物重点培育品种包括：苜蓿、沙打旺、柠条、油莎豆、无芒雀麦、羊草、沙枣、砂生槐、燕麦、老芒麦等。

（二）发展草产品加工业

改善饲草料加工的生产条件，促进饲草加工企业产能不断提高，助力畜牧业健康可持续发展。依托龙头企业牵头组建各类草产业联盟，通过生物、工程、环保、信息等技术集成应用，壮大草产品初加工产业规模，发挥产业龙头带动作用，促使饲草业生产向规模化、专业化、集约化方向发展。

（三）发展草原文旅产业

深入挖掘草原文化，包括生态文化、红色草原文化、民族民俗文化等，以发展草原旅游为重要抓手，大力弘扬和宣传草原文化，用草原文化资源带动草原旅游绿色发展，以草原旅游绿色发展促进草原文化传播。以草原公园为重要平台，连点成线，再连线成片，打造一批精品草原旅游景区、度假地和旅游线路，处理好保护与利用、生态效益与经济效益之间的关系，实现生态、社会、经济效益的有机统一，推动草原旅游业和草原生态休闲观光产业发展。

（四）挖掘草产品价值

合理采集和利用冬虫夏草、肉苁蓉、锁阳、甘草、麻黄草等草原特色食用、药用植物，加强功能草植物叶蛋白提取、膳食纤维、食品添加物、医药原料、工业原料、天然香料、生物质能源、生物质材料等精深加工技术的研究和应用，建立产、学、研、用相结合的科学利用体系。加强菌草示范和应用推广，逐步形成菌草全产业链发展，提升菌草业整体发展水平。

专栏 5-1　现代草业发展重点任务

1. 草种质资源保护

建设草种质资源保存库 30 处；建设国家林草种质资源信息平台 1 个，分区域子平台 20 个；建设国家林草种质资源鉴定评价中心 5 个；野生林草种质资源样地监测点 100 个。

2. 大力推进草种繁育

分区域、分草种建设草种原种基地 30 处、草种生产基地 50 处，到 2025 年和 2035 年草种繁育规模分别达到年均 20 万亩、30 万亩以上；建设国家草品种区域试验站 60 个。

3. 大力发展草原文旅产业

2025 年推介 10 处"红色草原"红色教育示范基地，推介 10 条特色生态旅游线路。2035 年推介 20 处"红色草原"红色教育示范基地，推介 20 条特色生态旅游线路。

第四节   完善保障措施

一、加强组织领导

坚持党对草原工作的领导，各级政府要切实承担起草原生态保护修复和草业发展的主体责任，依法编制本地区草原保护修复和草业发展相关规划，作为推进生态文明建设、维护国家生态安全的一项基础性任务和重要抓手。地方各级林业和草原主管部门要强化相关责任，编制专项规划，科学制定规划目标、重点任务和工程措施，明确组织形式、建管方式、支出责任和分省任务，并按照职能分工组织落实；建立规划实施督促机制和重大工程监测评估体系，结合职能抓好主要指标及任务的细化分解，定期开展监测评估，适时发布结果。

二、完善政策机制

建立健全草原生态补偿制度，按照事权划分原则对落实禁牧和草畜平衡责任的农牧民进行补助奖励，发挥政策引导和激励作用，建立责任落实与资金发放挂钩机制，提高草原生态补奖政策效益。地方政府要积极筹措资金，引导和带动社会资本参与草原保护修复，发挥市场在资源配置中的决定性作用。加快推进草原确权登记颁证，依法确定草原所有权、使用权和承包经营权，探索推进草原"三权分置"，规范草原经营权流转，明确各类产权主体及其权利义务。推广划区轮牧，促进草原科学利用。

三、强化法治保障

加快草原相关法律法规的制定修订工作，推动地方性配套法规修订工作，加大执法司法工作力度，让严格的法律责任落到实处。探索建立草原总量管控制度、约谈制度等制度标准，加大草原执法监督力度，建立健全草原联合执法机制和草原违法举报、案件督办、通报、约谈等制度，为草原治理体系和治理能力现代化提供法治保障。

四、落实林（草）长制

强化地方党委政府保护森林草原资源主体责任制和目标责任制的落实，构建属地负责、党政同责、部门协同、全域覆盖、源头治理的草原资源保护监管制度。草原面积较大的市县可以因地制宜分级设置草长，准确界定草长职责，严格落实用途管制，构建资源网格化精细草原监管机制。

五、营造良好社会氛围

大力宣传草原保护修复和草业建设在推进生态文明建设方面的重要地位和作用，弘扬爱草、护草、种草的绿色发展理念，努力营造全社会关心支持草原事业发展的良好氛围。持续开展草原普法宣传活动，充分利用传统媒体和新媒体，采取灵活多样的形式，宣传草原相关法律法规政策及破坏草原的危害性和依法保护修复草原的重要性，不断扩大宣传教育领域和覆盖面。充分发挥种草护草在国土绿化中的重要作用，积极动员社会力量和群众参与草原保护修复与草业发展。

六、深化国际交流合作

深度参与草原国际合作交流，讲好中国草原故事，弘扬中国草原文化，突出我国草原碳汇在应对气候变化中的重要地位，为全球生态治理提供中国经验。实施草原保护修复和草业发展的国际交流合作项目，进一步提升我国草原保护修复的科研、管理、评价和灾害应急处置水平，扩大我国草原事业的国际影响力。

第六章

草原管理改革创新

绵延数千年的中国草原史，在生态文明建设新时代迎来了崭新的发展机遇，传统草原管理方式不可避免地要进行升级换代。国家林业和草原局承担着森林、草原、湿地、荒漠四大生态系统保护修复，以国家公园为主体的自然保护地建设，野生动植物等生物多样性保护的重要职责，是美丽中国建设的主力军。林业、草原、国家公园三位一体融合发展，整体推进，成为林草改革发展的主要内容。在新时代，草原管理需要与时俱进，推动创新发展。国家林业和草原局主动作为，加快林草融合，创建草原公园、国有草场、红色草原体系，培育新型草原主体，构建草原治理体系，推动草业发展，取得了明显成效。

第一节　推进林草融合发展

森林和草原都是重要的自然资源和生态系统，二者相互联系、相互交融、唇齿相依，林草融合发展可以有效提升草原生态系统保护及综合治理效益。只有积极推进林草全方位的深度融合，才能构建林业与草原事业高质量发展的新格局，才能真正实现山更绿、水更清、林更茂、草更丰，发展更绿色、生态更宜居、人民更幸福。推进林草融合发展，已成为新时期助力草原高质量发展的重大课题，意义重大，任务艰巨，需要遵循山水林田湖草沙生命共同体的系统观理论，从管理理念、体制机制创新、空间规划、投入机制、监测及执法体系等多方面入手，采取一系列积极有效的措施，统筹推进林草生态系统的整体保护修复和综合治理、系统治理，最终实现林草融合高质量发展的新格局。

一、林草融合的科学内涵及意义

（一）森林和草原是多尺度空间有机融合的生态系统

受水、光、热、风、压等气候要素的地带性分异和地理环境影响，森林和草原植被类型和自然资源呈现水平和垂直地带性分布。林草生态系统相互过渡耦合，形成结构上形式多样、空间上交织镶嵌、功能上互作互补完整的自然生态系统。森林与草原之间不断扩展、退缩和消长，表现出边界分明的点线带面交错性、连续过渡性和"林下有草、草上有林、林草交错"的镶嵌性，形成了不同空间尺度的森林－草原自然景观格局。

林草交错带作为森林和草原生态系统间相连互通的重要区域，是物种相互迁移渗透的生物群落过渡区和环境梯度变化的明显区，具有显著的边缘效应，也是两个生态系统之间生态流流动的通道和生态屏障。在林草交错区种群密度、生产力、生物多样性等呈现边缘效应，具有过渡性、结构异质性、物种多样性、生态脆弱性和敏感性等特征。我国的森林草原交错带处于欧亚大陆森林草原过渡带东南边缘，大致呈东北－西南向分布，它的形成要追溯到地质时期新生代第三纪末期，主要包括北方温带森林草原交错带、北方暖温带森林草原交错带，西南地区的秦岭、横断山与青藏高原东部草原的交错带、新疆山地森林－草原交错带以及南方丘陵山地林草交错带。呼伦贝尔地区的森林草原交错带，为北方温带森林草原中大尺度的典型生态交错带，是我国著名的大兴安岭森林与呼伦贝尔草原唇齿相依的关键区域，也是我国北方重要的生态屏障区。森林和草原两大生态系统通过交错带特殊区域连接，形成不可分割的连续有机整体和完整的陆地自然生态系统，对维护我国生态安全具有重要的战略意义。

（二）林草融合发展新理念是高质量发展的基准线

林草融合新发展理念是贯彻中央《关于推动高质量发展的意见》总要求和总部署的具体体现。2019年2月，国家林业和草原局印发《关于促进林草产业高质量发展的指导意见》，提出了"大力培育和合理利用林草资源，充分发挥森林和草原生态系统多种功能，促进资源可持续经营和产业高质量发展，有效增加优质林草产品供给"的基本思路，明确了以建设生态文明和美丽中国为总目标，以满足人民美好生活需要为总任务，认真践行新发展理念和绿水青山就是金山银山理念，努力实现林草事业高质量、高效率的可持续发展。在发展目标上，到2025年，林业草原现代化水平和发展质量效益明显提升，生态环境总体改善，生态安全屏障基本形成；到2035年，初步实现林业草原现代化，生态状况根本好转，美丽中国目标基本实现。林草融合发展已成为新时期生态文明与林草产业高质量发展的基准线。

（三）林草生态系统多功能协同提升是林草高质量发展的保障

充分挖掘森林和草原生态系统的生态、生产和服务等功能，林草结合、协同发展已成为新时期助力森林和草原高质量发展的新理念。森林和草原植被类型有显著区别，但两大生态系统相互联系形成共融共轭效应的生态系统，在水土保持、水源涵养、防风固沙、生态改善、固碳增汇、气候调节以及生物多样性维持等方面发挥着同等重要且多能互补增效的作用。近年来，随着生态环境综合治理和林草产业发展客观需求，以林草业深度融合为特征的林草复合系统可持续经营受到高度重视。

林草复合系统已经在全球广泛地分布和应用，主要集中在大洋洲、美洲、非洲撒哈拉和南亚洲等地区，并因地制宜形成了不同的林草融合可持续发展模式。美国、澳大利亚、新西兰等发达国家，利用不同类型林地空间及其气候与生境特征，形成农林复合型、林牧复合型、防风带型等不同林草资源配置与林草资源可持续管理模式，发挥着重要的经济和生态功能。如美国俄勒冈州胡德（Hood）河谷几乎所有的生态林实施林草复合经营，新西兰于20世纪60年代末开展典型农林牧复合系统的实践，在用材和防护兼用林带的林间草地放牧绵羊获取林牧双重收益。阿根廷、澳大利亚、巴西等国家充分利用山坡林地、草山草坡稀疏林地、间伐林间等发展林 – 草 – 牧融合的畜牧养殖业，越南和斯里兰卡基于当地产业特色形成了林 – 牧 – 渔 – 蜂复合系统，摩洛哥和法国充分利用疏林草原、低密度矮林和稀疏林地可饲用资源，自然形成了合理的放牧制度，其中木本饲料和灌木饲料的利用达到牲畜全年饲料的75%以上。

中国在原始农业时期就已开始进行农林复合经营的摸索和实践，在明朝就有林草间种的记载。任继周院士定义了森林 – 草地生态系统的农学含义，草地在林间的分布有分散型、隙地型和大片型三种形式，林草结合对保持土壤肥力、防止火灾、提供饲料、促进幼树抚育、改善家畜及野生动物的生活环境等方面具有积极意义。在我国北方林区和林草过渡区，根据不同区域林草资源优势，发展形成了林 – 牧 – 禽 – 畜、林 – 牧 – 蜂 – 菌等特色复合经营模式；我国南方天然林林缘、山坡人工林地草类植物覆盖率极高，林 – 牧复合模式已成为该区域林牧业特色。

此外，我国实施的退耕还林还草工程是林草融合发展的典范。20 年来，我国实施了退耕还林还草、退牧还草、风沙源治理等重大工程，不仅确保我国森林面积和蓄积连续多年保持"双增长"。2020 年，全国草原综合植被盖度达 56.1%，全国鲜草产量突破 11 亿 t，退化草原得到有效治理和修复，草原生态功能和生产功能显著提升。据美国国家航空航天管理局（NASA）在2019 年发布的研究结果，21 世纪以来中国绿色面积净增长量和净增长率均排名全球首位，绿色面积净增长占全球净增长总面积的 25%。根据同期数据推算，退耕还林还草贡献了全球绿色净增长面积的 4% 以上。

我国森林和草原过渡区、森林可利用林间和林缘、草原地区灌草丛草地、稀树草地等林草结合地带面积大、分布广，区域内存在林草自然资源要素部分叠加并保持特殊的生态区位优势。基于该区域自然承载力，挖掘其潜在生产力与生态服务功能，适当发展林草复合生态草牧业，对丰富林草生态系统生物多样性，优化生态系统碳循环过程和碳储量的时空分布格局，改善林间林缘土壤养分、水分与植物的耦合关系及其利用效率，全面系统提升林草复合生态系统服务功能，形成人 – 草 – 林 – 畜 – 地多要素协同发展模式，保障林草高质量可持续发展具有重要意义。

二、林草融合助力提升草原生态系统服务

充分利用林业和草原管理与科研方面的优势力量、成功经验，积极推进林草全方位的深度融合，是实现森林与草原高质量发展的基础。推动林草融合发展，像重视森林一样重视草原，像保护森林一样保护草原，像修复森林一样修复草原。坚持科学绿化，真正做到宜林则林、宜草则草，以水定绿，统筹规划、协同推进，既可降低生态保护与治理成本，又可提升生态系统综合效益。

（一）林草融合能促进草原生态功能提升

林草融合要充分体现在发展理念、工程布局、保护修复、科技支撑和政策体制多层次全方位的融合。在发展理念上融合，坚持宜林则林、宜草则草、宜灌则灌、宜荒则荒，坚决杜绝在半干旱草原区、高山亚高山以及高寒地区盲目造林，在林带中盲目铲草，在低地草地盲目植树。在工程布局上融合，将造林绿化工程和草原生态保护修复工程同步规划、同步建设，切实提升投入效应，加大草原生态保护修复的力度。在保护修复上融合，摒弃"为林占草"的错误认识，将林草资源管理统一到大保护的工作中，达到统一修复、同步保护、综合治理、整体提升。在科技支撑上融合，坚持科技兴林和科技兴草同步强化和实施，进一步充实林草专家智库力量，加快对草原退化机理

和草原生态修复技术等方面的研究攻关，全面提升草原科技支撑水平。在政策体制上融合，加大政策指导和投入保障力度，调动全社会力量积极参与到林草事业发展中，着力提高林草覆盖率，唱响林草融合发展的主旋律。

案例6-1　阿勒泰草原

阿勒泰草原地处新疆北部，欧亚大陆腹地，北部有宏伟的阿尔泰山，西南部为萨吾尔山，南部是准噶尔盆地，西部比较开阔，呈喇叭口形。阿勒泰草原面积9.8万 km²，其中可利用面积7.2万 km²，占全疆草原总面积的14.4%，是全国重点草原牧区之一，也是新疆重要的草地畜牧业基地。

　　阿勒泰草原类型主要为山地草原、山地草甸、草甸草原，主要建群种有禾本科的看麦娘、无芒雀麦、沟羊茅、新疆针茅、羽状针茅等。主要伴生种为黄花鸡爪草、西伯利亚早熟禾、细叶早熟禾、野燕麦、窄叶赖草、草原薹草、二裂委陵菜、冰草、神香草、蓝刺头、木地肤、千叶蓍、冰糖苏、黄花委陵菜等。

　　阿勒泰草原上的阿勒泰大尾羊，体质结实，四肢高大，善于爬山游走，蓄积脂肪能力强，耐粗饲，适应性好，因有一个滚圆肥大、全是脂肪的尾巴而得名，是全国著名的优良羊种，主要生活在阿勒泰山地草原地带。

　　阿勒泰草原最著名的景观是草原石人，还有闻名遐迩的喀纳斯湖、布尔根河自然保护区、蝴蝶沟、乌伦古湖、白沙湖、鸣沙山，以及高山、冰川、湖泊、温泉、岩画等。

（二）林草融合能促进草原综合生产力提升

　　促进牧区经济社会高质量发展，需要统筹考虑草原生态修复与草原生产力提升，既要有留住绿水青山的举措，更好发挥林草生态系统的服务功能，也要有带来金山银山的办法，为老百姓和地方政府发展生产力创造优质的资源，实现生态保护和经济效益统筹发展。国家生态工程、中央财政造林补贴、退耕还林还草等一系列生态建设项目实施以来，通过实行阶段性禁牧使退化严重的草原得以休养生息，通过实行草畜平衡防止超载过牧导致草原退化，区域草原植被综合覆盖度和林木覆盖度逐年提升。

　　以前防沙治沙只是为了保卫家园，忽略了它的经济效益。现在更要注重林草产业的经济价值。要坚持草原禁牧与舍饲养殖、封沙育林与退牧还草、生物固沙与工程固沙、防沙治沙与沙产业开发等合理结合。在"三北"防护工程建设的初期，曾经把关注重点放在乔木种植上，经过实践经验的总结，种植的树种种类、比例、选择都在发生变化，目前更加重视"乔、灌、草"科学配置，全面加强生态脆弱地区的综合治理。如在干旱地区，种植抗旱、耐寒、林草兼用的灌木柠条，不仅可以防风固沙，柠条平茬后还可加工成饲料，为牧业争取更多"口粮"，形成良性循环。这种方式改善了生态环境，更实现了绿色发展。

从毁林垦殖到育草种树治沙，从"沙进人退"到"绿进沙退"，辽阔的"三北"地区经历了由黄到绿的华美蜕变。实现生态保护和绿色发展相结合的模式，让老百姓得到真正的实惠。

（三）林草融合能促进人文景观价值提升

人文景观与自然景观作为人类文明的重要组成部分，二者具有不可分割的密切联系。人文景观是在自然景观的基础上产生的，是人类为了生存和发展在适合自己生存的环境，基于对自然的敬畏和有序利用，经过无数代人对自然环境资源与景观长期的认知与理解，形成特定的社会、文化、宗教等行为和思想约定，并受环境影响与环境共同构成的独特景观。因此，没有自然景观的存在，就不会有人文景观产生、维持和发展。

森林和草原的生态环境造就了独特的森林和草原人文景观。人文景观的保护对促进自然景观生态功能维持具有重要作用。近年来，尽管我国森林草原资源保护力度不断加强、林草覆盖率不断提高，但由于历史原因，长期对森林草原人文景观保护修复工作重视不够，直接导致自然景观生态社会服务价值与效能不高。人文景观价值亟待进一步挖掘、保护和提升。

近年来，我国人文景观资源破坏现象频发，森林草原景观质量下降问题日益突出，第一，森林草原人文景观保护的法律法规还不完善，有的法规存在交叉重叠，可操作性较差；第二，森林草原人文景观管理机构权责不明、职能不清，有的地方存在多头管理，执法效力不足。其次是林草发展不平衡问题，我国森林景区硬件设施建设不断进步，但草原景区仍存在基础设施保障条件严重不足，在服务管理水平等软实力方面更是相对偏低，导致草原人文景观功能质量不高，主要在于林草机构各子系统之间缺乏有效的衔接机制，规划发展联通不足；第三，我国草原人文景观价值挖掘工作滞后，草原文化体系建设薄弱，导致很多草原景区只重视风景宣传而忽略文化底蕴的挖掘，其核心竞争力难以提升，不符合新时期草原高质量发展的目标。

促进林草工作深度融合、统筹兼顾，对加强森林和草原工作协调配合，避免各自为政，着力推进林草人文景观价值提升具有重要意义。林草融合有利于补齐草原工作短板，加大草原人文景观修复力度，加强草原景观基础设施建设，推进草原自然公园建设，配套草原人文景观保护执法体制机制，提高草原人文景观价值保护；林草融合有利于相关科研院校开展草原文化价值研究，构建林草人文景观资源一体化调查监测体系，推进草原生态文化科普宣教基地建设，提高草原人文景观价值挖掘；林草融合有利于统筹林草机构协调发展，完善林草人文景观保护发展机构设置，提高林草工作人员草原景观保护发展意识，推进林草部门履职尽责，提高草原人文景观价值提升。

三、林草融合助力构建草原高质量发展格局

（一）森林草原交错带战略生物资源保护与创新利用

森林草原交错带作为生态脆弱带和环境敏感区，区域生物资源具有极为重要的战略价值。近年来，受全球气候变化和人类活动干扰等影响，区域内景观格局发生了较大变化，林线上移、植被退化、草地沙化、水土流失等现象日趋严重，未受干扰的面积不断缩小，并向景观碎片化、斑块化发展，导致大量珍稀或重要生物资源消失，生物多样性不断减少。在以往开展的森林和草原资源调查中，该区域未进行完整的清查和针对性保护利用。在森林区林下、林间和林缘，受森林群落结构、立地条件、气候与水文特征等影响，形成不同于草原植被特征的草类植物群落和物种组成。在历次森林资源清查工作中，对生物资源的调查、收集保存工作主要集中于木本植物和大型动物等，而区域内草类植物未得到足够重视。

新时期需要统筹山水林田湖草沙生命共同体系统性保护与修复治理，建立覆盖林草陆地生态系统的生物多样性保护网络，统一林草资源数据标准与调查保存规范，一体化布局森林草原生态系统资源调查，建立统分结合的林草资源调查监测评估体系。加强森林草原交错带和森林区不同生境的林草资源调查、收集与保存研究，恢复重要物种生境完整性和连通性，构建食肉动物—食草动物—草本植物多营养级调控的栖息地保护与恢复技术体系；发掘突破性种质资源与功能基因，遏制生物多样性丧失、培育重大突破性林草优良新品种，研发林下牧草、生态草、景观草、药用草种质资源收集、评价和开发利用技术，实现林下草资源提质增效利用，促进林草资源融合产业高质量发展。

（二）林草复合生态系统保护修复与综合治理

近 20 年来，我国不断加强森林和草原等重要生态系统保护与修复，并

实施一大批重要生态系统保护和修复重大工程，生态保护修复观念和模式也发生了重要转变。生态保护修复由重建设、轻保护转变为保护优先、自然恢复为主，保护修复模式也由局部恢复、末端治理转变为生态空间一张图规划和生态系统整体保护修复。生态恶化趋势基本得到遏制，自然生态系统质量明显改善，生态系统服务功能逐步增强。但我国生态系统仍比较脆弱，森林、草原等生态系统保护与修复工作仍各自为战，自成体系。

山水林田湖草沙生命共同体中，林、草、沙涵盖了森林、灌丛、草地、荒漠等陆地自然生态系统的主体。新时期，统筹林草沙生态系统，以生态承载力和环境容量作为生物和物理条件约束，以水资源作为最大的刚性资源约束，统筹考虑生产空间、生活空间和生态空间，研究林木、草本、牲畜三组分之间物质和能量的流动与转化规律，揭示林草复合系统土壤养分、水分与林草植物的耦合关系及其利用效率，利用大数据和遥感技术，准确评估和模拟分析林草复合系统的生态效益，提出林草耦合生态系统功能提升途径与生态产业可持续发展模式；探索林草资源空间分布配置模式，实施林草一体化系统生态治理，提高生态系统自我修复能力和稳定性，促进林草生态系统质量整体改善。

（三）林草生态系统保护与利用空间格局优化

按照全国国土空间规划的布局，结合林草实际对林草融合发展空间进行统一规划，摒弃单独编制森林、草原发展规划的惯性思维。按照生态需要引导、自然条件适宜的原则，合理布局林草融合的生态系统保护与利用空间，做到同一生态空间内宜林则林、宜草则草，特别应依据国土三调数据信息，统筹森林与草原边界和底数的动态管理，布局自然生态系统保护、林草病虫害防治、种质资源保护和封禁封育工作。

创新涵盖林草全要素的监测指标体系，建立统一的林草覆盖率监测指标体系，不仅引领国内林草事业，而且打造国际标准。在原林业部门和草原监管部门各自建立的独立的资源监测体系上，应逐步按区域归并整合，努力构建统一的林草监测体系。整合原有按不同部门管理的监测队伍，并大力补充懂草原、精草原的监测人员和智力支撑；统管监测设施设备，立足林草一体，避免交叉配置、重复建设，提高监测体系的运行效率。

在项目设计中，加大对林缘草地、林间草地、林线等林草过渡带项目活动的整合和集成力度，对原有按部门实施的同一空间的林业项目和草原项目进行统一打包实施，如合并封山育林项目和草场封禁项目。在资金使用中，打破林草界限，如将南方草原保护修复纳入国家原有林业投资补助中并尽快启动。充分发挥种草绿化在国土绿化中的重要作用，把种草绿化作为推进国土绿化不可或缺的重要措施，与造林绿化有机结合，实现林草互补和高效结合。

四、林草融合体制机制创新

（一）推动林草融合组织管理体系与政策制度创新

1. 坚持规划引领

以全面落实《全国重要生态系统保护和修复重大工程规划（2021—2035年）》《"十四五"林业草原保护发展规划纲要》为抓手，各级林草部门坚持山水林田湖草沙系统治理观，统筹规划林草建设内容和重大工程。推动科学合理布局林草发展空间，做到宜林则林、宜草则草，交错区林草空间有序结构合理，加强综合平衡、动态管理，推动解决林草"两张皮"的问题。

2. 健全组织管理体系

机构改革后，国家林业和草原局单独设置草原管理司，地方林草部门也单独设置或指定了内设机构，承担草原保护监督管理工作。这对稳定草原地位很有必要，但这一内设机构是按管理对象"块块"来设置，而其他内设业务机构和直属单位大多是按管理（公共服务）职能"条条"设置的。因此，草原内设机构的业务范围不可避免与其他内设业务机构和直属单位存在交替地带。国家林业和草原局的所有机构设置中，不仅名称要体现林草融合，而且业务范围也要从森林拓展到草原。例如，野生动植物司、自然保护地管理司、生态保护修复司、国有林场和种苗管理司、森林病虫害防治总站等原林业部门的行政和事业等机构中要体现出草原的内容。

3. 推动政策制度创新

机构改革为林草政策融合提供了可能，统筹设计林草政策又为林草融合发展创造了条件。在生态补偿政策方面，应将生态公益林补助、湿地保护补助和草原生态补奖等纳入统一的林草改革发展资金总盘子中，其补助标准和投入规模应通盘考虑，坚持大体统一和兼顾差异相结合的原则。在退耕还林还草和退牧还草工程方面，也应在合并资金渠道的基础上，统筹考虑补助标准和投入规模。在造林抚育和种草改良补助方面，资金渠道也可以合并，其补助标准和投入规模也应该通盘考虑。在生态管护员方面，各地区制定的劳动报酬标准应建立在工作量和管护效果基础上，逐步缩小因岗位名称不同导致的劳动报酬差异，加快实现"同工同酬"目标。

（二）林草生态系统生态产品及其价值挖掘

"生态产品"是党的十八大报告提出的新概念，是生态文明建设的一个核心理念，生态产品指维系生态安全、保障生态调节功能、提供良好人居环境的自然要素。联合国公布的《千年生态系统评估报告》指出，生态系统具有提供物质产品、调节服务产品以及文化服务产品的功能。森林草原生态系统作为生态产品的主要载体，生态产品丰富度、产品质量、产出效率与效益等直接反映森林和草原发展质量。对森林草原生态系统而言，生态产品的形态大致分为三类：一是供给服务类产品，如木材、果实、饲料、种子等；二是调节服务类产品，如水源涵养、水土保持、调蓄补枯、气候调节、固碳释氧、生物多样性、病虫害控制等；三是文化服务类产品，如休闲旅游、景观价值等。

"十三五"时期，我国林业产业已逐步迈入高质量发展阶段，产品供给能力持续提升，据统计，2020 年共产出与人们衣食住行密切相关的供给服务类产品达 10 万个小项，总产值达 7.55 万亿元。第三期中国森林资源核算研究成果显示，全国森林生态系统提供的生态服务总价值约为 15.88 万亿元。针对森林生态系统已经建立了较为完善的生态产品价值评估体系，初步提出了生态产品开发及价值实现途径，可为草原生态系统生态产品的深度挖掘、开发和价值提升提供重要借鉴和参考。此外，森林区林下、林间、林缘巨大的草地面积和森林草原交错带为草原生态产品提供了广泛的增量增价潜力。

（三）林草融合多元生态产品价值实现途径与机制

林草融合多元生态产品的价值实现，需要政府和市场共同发力。厘清政府和市场的关系，充分利用政府的权威性、公信力，辅以市场活力，发动全社会多维度广泛参与是推动生态产品价值实现的关键路径。构建、巩固和完善林草融合生态产品价值实现保障和推进机制应从以下方面着手：产权制度方面，要对自然资源资产统一确权登记并进行产权激励；准入机制上，要以倒逼和加持为导向进行拓展，以实现碳达峰、碳中和目标为契机，从准入关口着手，进一步遏制"三高"项目的盲目上马，鼓励发展绿色林草生态产业，建立林草生态产品的价格上浮机制，促进原有"三高"企业产业转型发展或减量置换；核算机制上，应把生态产品供给能力作为发展绩效考核的重要标准；交易体系应大力支持推进新老基础设施和电商平台、物流中心等交易载体的建设，为生态产品开发交易提供便利条件，推动企业进入适宜地区从事生态产品价值的经营开发并打造推进生态产业和其他产业有机融合的示范基地。价格机制上应建立与生态产品质量提升状况等重要指标正相关的纵向财政转移支付制度，其中的一部分可以与相关人员收入增长紧密关联。

案例 6-2　伊犁草原

伊犁草原位于新疆西北部，西与哈萨克斯坦接壤。伊犁草原通常是指新疆伊犁哈萨克族自治州 11 个直属县（市、区）境内的草原。伊犁河谷东、南、北三面环山，西面敞开。由西风环流带来的大西洋水气可达伊犁谷地，形成了荒漠中的"中亚湿岛"，也使伊犁成为新疆最为湿润的地区。特殊的自然地理和地形地貌及气候，孕育了那拉提、巩乃斯、唐布拉、昭苏、喀拉峻等举世闻名的大草原，其中那拉提草原自然风光优美，民俗风情多彩，是伊犁草原中最为靓丽的一块。

那拉提草原位于新源县境内，是世界四大草原之一，自古以来就是著名的牧场。每年 6~9 月，五颜六色的各种野花开遍山岗草坡，将草原点缀得绚丽多姿。优美的草原风光与当地哈萨克民俗风情结合在一起，成为新疆著名的旅游观光度假区。

唐布拉草原是伊犁著名的草原之一，位于尼勒克县境内，自尼勒克县城沿喀什河溯源而上，两岸丰茂的山地草原和河谷草原即是唐布拉草原。唐布拉草原以草原、温泉、雪峰、河流为主要特色。

昭苏草原也是伊犁十分著名的草原，位于昭苏县境内，拥有草场面积 54.2 万 hm^2，属温带山区半干旱、半湿润冷凉气候类型，特点是冬长无夏，春秋相连，没有明显的四季之分。昭苏草原被乌孙山、阿腾套山、南天山和哈萨克斯坦境内的查旦山围拢，形成一块几乎封闭的高位盆地。草原石人、草原土墩墓和岩画是昭苏草原的三大奇观。

喀拉峻草原位于特克斯县境内，是西天山向伊犁河谷的过渡地带。喀拉峻草原属典型的高山五花草甸草原，总面积达 $2848km^2$。这里降水丰富、气候凉爽、土质肥厚，十分适宜牧草的生长，生长有上百种优质牧草。

第二节 创建草原公园

一、草原公园的定义

草原公园是指具有较为典型的草原生态系统特征，有较高的保护和合理利用示范价值，以保护草原生态和合理科学利用草原资源为主要目的，开展生态保护、生态旅游、科研监测和自然宣教等活动的特定区域。

草原公园属于自然公园类型，是以国家公园为主体的自然保护地体系的组成部分，在管控强度方面次于国家公园和自然保护区，允许在保护生态的前提下，开展非损伤性的资源利用，如开展资源利用、适度放牧、生态旅游、文化展示等活动。

二、建设原则

草原公园建设和管理遵循"保护优先、合理利用、绿色发展"的基本原则。

三、建设目标

为草原公园在生态保护修复方法、合理利用模式、生态旅游开展方式、管理体制机制、自然教育和科研监测体系构建等方面提供成功经验，从而建立规范高效的草原公园建设管理长效机制。

四、功能分区

草原公园试点建设内部可根据实际需要进行功能分区。草原公园应当划分为生态保育区和可持续利用区，其中可持

续利用区可根据实际需求进行进一步的细化分区。

价值突出且易受损害的自然生态系统、自然遗迹、自然和人文景观等集中分布区域，应当规划为生态保育区。生态保育区可以规划生态保护、修复、监测，适度的游憩、体验、科普、教育活动和必要的配套设施建设。根据保护管理需要，可以在生态保育区内划定非开放区域或者季节性开放区域。

生态保育区之外的其他区域为可持续利用区。可持续利用区除生态保育区允许的活动外，可以规划符合绿色发展原则的自然景观营建、资源利用、生产经营，以及必需的管理和服务设施建设。

五、建设内容

草原公园试点建设要注重保护草原生态系统原真性。建设工作要结合实际情况分步骤开展，可根据实际情况开展保护修复、科研监测、自然宣教、管护等，其他工程建设要严格按照草原公园总体规划要求开展建设，确保草原公园试点建设在科学规划的统一布局下有序推进。

严格按照经评审通过的草原公园总体规划要求开展以下活动。

（一）保护修复

针对退化或其他需要保护的草原生态系统开展禁牧、休牧、补播、施肥、有害生物防治等工作。

建设内容：严格按照核定载畜量进行放牧，加强围栏建设，开展草种补播，建植多年生人工草地，开展草原有害生物防治，设置保护警示标识等。

（二）自然宣教

开展展示和宣传草原文化、普及草原科学知识和环保知识等活动。鼓励草原公园管理机构与科研院所学校、社会组织等机构协作，立足于自然资源特色和历史文化内涵，策划针对不同社会群体的自然教育项目，设置自然教育解说系统，组织开展自然教育活动。鼓励草原公园管理机构为中小学校、社会公益组织开展自然教育活动提供设施和场地。鼓励有条件的草原公园向中小学生免费开放。

建设内容：标志、标识、标牌、解说牌、播放系统等，配备充足的文字、图片和多媒体等展示设施。解说与自然教育标识系统所用材料应符合有关环保要求。

（三）科研监测

建立科研监测平台，开展科研监测工作。鼓励草原公园管理机构与科研院所、高校等专业机构合作，开展对草原公园内自然生态系统、生物多样性、地质遗迹等资源的科学研究，为自然资源的保护与培育提供科学依据。草原公园管理机构应当为单位、个人在公园内开展科研活动提供必要便利。在公园内从事科研活动的单位、个人，应当依法办理相关手续，配合草原公园管理机构的管理。

建设内容：开展科研监测设施建设、配备科研监测仪器设备等。开展物候关键期监测、生产力监测、草原承载力监测、草原利用监测及灾害监测等。

（四）生态文化

1. 生态旅游设施建设

草原公园管理机构应当依据草原公园总体规划确定旅游区域和旅游线路，完善必需的管理设施、基础设施和服务设施，有序组织开展旅游活动。草原公园内的危险地段应当设置防护设施和警示标识，严禁任何单位、个人进入不具备安全条件的区域和线路开展旅游活动。

（1）指示牌。草原公园的边界、出入口、功能区、景观、游径端点和险要地段，应设置明显的指示牌，以明确界限、指导方向、阐述园规、介绍情况、提示警告等。

指示牌的色彩和规格，应根据设置地点、指示内容等具体情况进行设计，采用国际通用的标识符号，并与周围景观和环境相协调。

（2）游步道建设。一般道路不建议使用柏油、水泥等材料，游步道应采用生态环保型材料铺设。

（3）其他设施。包括观景、环卫、餐饮、管理等相关服务设施。

2. 草资源等利用工程建设

发展草业、开发生态产品等。进行禁牧、休牧、轮牧的分区建设，合理布置草牧业棚圈、库房、打草场、晒草场等相关设施；基于区域特点，发掘具有本土特色的草原自然公园生态产品。

3. 自然教育工程建设

自然教育设施包括自然宣教中心，其中可包含植物认知、草原恢复技术展示、民族民俗风情和草原生活体验等内容。

宣传、解说标志系统包括大型宣传牌、全景牌识、指示性标识、声像资料、宣传册、公园网站等。

4. 支撑体系工程建设

（1）管理能力。推进管理机构建设，统一负责国家草原自然公园的规划、建设、保护、恢复和合理利用，以及日常监督管理工作。管理人员应定期接受相关知识与技能的培训，应配备必要的管理巡护设备。

（2）防控体系。有害生物防治工程：可结合公园监测体系建立有害生物监测、防治、检疫、清除、信息档案管理等内容。

地质灾害防治项目：包括地质灾害排查与监测预警机制、建设活动前的地质灾害评估与规避等内容。

洪涝防治工程：包括确定防洪排涝标准、建立汛情监测预报信息平台等内容。

防火工程：包括建设火灾预测预报系统、防火瞭望塔、防火队伍及防火基础设施设备等。

应急救援安全工程：包括设置安全保护机构、安全设施、医疗救护、安全宣传等内容。

（3）基础设施工程。道路交通工程：包括公园大门、公园进出道路、巡护步道、游步道、生态停车场等建设。

电力电信工程：包括供电线路、应急电源、照明系统、通信系统等建设。

给排水工程：包括供水管网、排水管网等建设。

能源及环卫工程：包括太阳能设备、环保厕所、垃圾桶、垃圾收集站等建设。

（4）智慧管理平台。主要是智慧管理平台及其支撑模块建设。

5. 区域协调发展工程建设

主要包括社区培训、生态产业协同发展等。

六、建设要求

所有建设项目要符合国家产业用地政策，并依法依规办理相关用地审核审批手续。所在地林草主管部门要加强草原公园的监督管理。同时，各类服务设施所需建设用地规模应与规划匹配。草原公园面积 500~5000hm^2（含 5000hm^2）的，建设面积不得超过总面积的 5%；5000~10000hm^2（含

$10000hm^2$）的，不得超过 3%；$10000hm^2$ 以上的，不得超过 1%。此外，严禁开展以下建设和活动：

（1）工业化、城镇化开发建设，建设工业园区、各类开发区，开发房地产，私人会所、高尔夫球场等；

（2）开山、采矿、采石、采沙、取土、开荒等破坏自然资源和生态环境的开发建设；

（3）非自然公园所必需的风电、水电、光伏等开发建设项目；

（4）各类危险品生产装置或储存设施建设项目，满足公共运输确需的加油站、加气站除外；

（5）畜禽养殖场以及超出生态承载力的养殖、放牧；

（6）建设垃圾填埋场、焚烧场等各类垃圾处理设施或场所。建设排污口，倾倒排放污染物、废弃物，以及可能造成污染的清淤底泥、尾矿、矿渣等；

（7）违规采集或者出售动植物、古生物化石、岩石及其制品，擅自接近、诱引、投喂、释放野生动物，或者擅自引进、放生、丢弃外来物种；

（8）刻划、涂污、损坏自然遗迹、人文古迹、林木、岩石等；

（9）超出划定的区域和线路开展旅游活动，或者在非指定区域进行影视拍摄、演艺演出、节庆活动、体育赛事等；

（10）在非指定区域野外用火、吸烟、焚烧香蜡纸烛、燃放烟花爆竹；

（11）损坏或擅自移动自然公园界碑、界桩、界标以及其他各类宣传导引标志；

（12）法律、行政法规、部门规章禁止的其他活动，以及自然公园管理机构明令禁止的其他活动。

七、建设情况

为深入贯彻落实习近平生态文明思想，加强草原保护，规范草原合理利用，探索绿水青山就是金山银山的有效实现路径，按照中共中央办公厅、国务院办公厅印发的《关于建立以国家公园为主体的自然保护地体系的指导意见》精神，国家林业和草原局开展了国家草原自然公园试点建设。根据各地推荐情况，经研究，国家林业和草原局确定在内蒙古敕勒川等 39 处草原开展国家草原自然公园试点建设（图 6–1，表 6–1）。开展试点建设的 39 处国家草

图6-1 内蒙古敕勒川国家草原自然公园（试点）

原自然公园总面积 14.7 万 hm²，涉及 12 个省份和新疆生产建设兵团，涵盖温性草原、草甸草原、高寒草原等类型，区域生态地位重要，代表性强，民族民俗文化特色鲜明。

表 6-1　国家草原自然公园试点建设名单

序号	名称	位置
1	内蒙古敕勒川国家草原自然公园	内蒙古自治区呼和浩特市新城区
2	内蒙古图牧吉国家草原自然公园	内蒙古自治区兴安盟扎赉特旗
3	内蒙古塔林花国家草原自然公园	内蒙古自治区赤峰市阿鲁科尔沁旗
4	内蒙古二连浩特国家草原自然公园	内蒙古自治区锡林郭勒盟二连浩特市
5	内蒙古白银库伦国家草原自然公园	内蒙古自治区锡林郭勒盟锡林浩特市
6	内蒙古毛登牧场国家草原自然公园	内蒙古自治区锡林郭勒盟锡林浩特市
7	内蒙古岗根锡力国家草原自然公园	内蒙古自治区锡林郭勒盟阿巴嘎旗
8	内蒙古东乌珠穆沁国家草原自然公园	内蒙古自治区锡林郭勒盟东乌珠穆沁旗
9	内蒙古贺兰草原国家草原自然公园	内蒙古自治区阿拉善盟阿拉善左旗
10	内蒙古沙尔沁国家草原自然公园	内蒙古自治区呼和浩特市土默特左旗
11	内蒙古宝日花国家草原自然公园	内蒙古自治区乌兰察布市四子王旗
12	内蒙古包日汗图国家草原自然公园	内蒙古自治区巴彦淖尔市乌拉特后旗
13	内蒙古乌拉盖国家草原自然公园	内蒙古自治区锡林郭勒盟乌拉盖管理区
14	内蒙古图布台国家草原自然公园	内蒙古自治区兴安盟科尔沁右翼前旗
15	河北黄土湾国家草原自然公园	河北省张家口市塞北管理区
16	河北察汗淖尔国家草原自然公园	河北省张家口市尚义县
17	山西花坡国家草原自然公园	山西省长治市沁源县
18	山西沁水示范牧场国家草原自然公园	山西省晋城市沁水县
19	吉林万宝山国家草原自然公园	吉林省白城市镇赉县
20	湖南南滩国家草原自然公园	湖南省张家界市桑植县
21	湖南燕子山国家草原自然公园	湖南省永州市江永县
22	四川格木国家草原自然公园	四川省甘孜藏族自治州巴塘县
23	四川藏坝国家草原自然公园	四川省甘孜藏族自治州理塘县
24	四川瓦切国家草原自然公园	四川省阿坝藏族羌族自治州红原县

序号	名称	位置
25	云南香柏场国家草原自然公园	云南省保山市隆阳区
26	云南凤龙山国家草原自然公园	云南省昆明市寻甸县
27	西藏那孜国家草原自然公园	西藏自治区拉萨市当雄县
28	西藏哲古国家草原自然公园	西藏自治区山南市措美县
29	西藏凯玛国家草原自然公园	西藏自治区那曲市色尼区
30	甘肃阿万仓国家草原自然公园	甘肃省甘南藏族自治州玛曲县
31	甘肃美仁国家草原自然公园	甘肃省甘南藏族自治州合作市
32	青海苏吉湾国家草原自然公园	青海省海北藏族自治州门源县
33	青海蒙旗阿木赫国家草原自然公园	青海省黄南藏族自治州河南蒙古族自治县
34	青海措日更国家草原自然公园	青海省黄南藏族自治州泽库县
35	青海红军沟国家草原自然公园	青海省果洛藏族自治州班玛县
36	宁夏西华山国家草原自然公园	宁夏回族自治区中卫市海原县
37	宁夏香山寺国家草原自然公园	宁夏回族自治区中卫市沙坡头区
38	新疆生产建设兵团天牧草原国家草原自然公园	新疆生产建设兵团第十四师一牧场
39	黑龙江八五四农场国家草原自然公园	黑龙江省鸡西市虎林市

第三节　构建国有草场体系

一、国有草场的定义

国有草场是指国家管理和经营的草场，也指在国有草原上从事草原保护建设、草产品生产和开展放牧等利用的国有企事业单位。国有草场的土地、草原资源属于国家所有，管理主体代表国家行使国有草原所有者权责，通过建设管护发挥草原的生态、经济和社会文化功能，并吸引多方参与草原保护修复和合理利用。

二、建设目的

长期以来，草原重生产功能轻生态功能，长期超载过牧，出现大面积退化、沙化和荒漠化。近年来，国家重视并加大草原生态修复治理力度，草原生态持续恶化的状况得到初步遏制，但由于草原"责、权、利"和"建、管、用"很难有机统一和结合，使得退化草原短期内修复的成效难以长期巩固，导致草原生态修复陷入"破坏—修复—再破坏—再修复"的不良循环，因此，亟须探索草原生态保护修复与科学利用协调发展新思路与新模式。通过开展国有草场建设，构建"责、权、利"相统一和"建、管、用"相结合的草原保护建设利用长效机制，走产业化、规模化、集约化之路，破解草原保护修复成果难以巩固的困境。

三、建设内容

以习近平生态文明思想为指导，牢固树立新发展理念，统筹推进国有草场建设。对产权清晰、集中连片、生态脆弱或区位重要的草原，以保障草原生态安全为前提，保护现有草原资源为基础，草原生态修复为抓手，开展草原科学利用，包括现代草产业、草原生态畜牧业、草原生态旅游等，构建管理体制，探索运行机制，强化监督管理，妥善处理保护和发展、当前和长远的关系。

四、建设目标

通过启动首批国有草场试点建设，构建国有草场管理体制，探索国有草场建设与发展模式，广泛应用先进实用技术和现代科学管理方式，逐步把国有草场建设成为"草原生态良好、保护修复科学、产业发展协调、资源利用持续"的新时代草原生态保护利用先行示范区。

五、建设情况

为深入贯彻落实习近平生态文明思想，创新草原生态保护修复与草业发展协调统一的可持续发展模式，探索绿水青山转化为金山银山的机制，培育新型草原经营主体，实现草原精准修复、科学管理与合理利用，推动草原生态系统治理体系和治理能力现代化，按照国家林业和草原局、国家发展和改革委员会联合印发的《"十四五"林业草原保护发展规划纲要》，国家林业和草原局草原管理司于 2021 年开展国有草场试点建设申报工作。

　　2022 年 9 月，国家林业和草原局办公室公布了内蒙古乌拉盖等 18 处全国首批国有草场试点名单，标志着我国国有草场试点建设工作正式开启（表6-2，图 6-2）。开展国有草场建设的目的是培育新型草原经营主体，构建草原生态保护修复与草产业发展协调统一、相互促进的新机制，促进草原生态系统治理体系和治理能力现代化。首批开展试点建设的 18 处国有草场，面积

表 6-2　首批 18 处国有草场建设试点名单

编号	名称	省份	地点
1	塞北国有草场	河 北	张家口市塞北管理区
2	御道口国有草场		承德市御道口牧场管理区
3	乌拉盖国有草场	内蒙古	锡林郭勒盟乌拉盖管理区
4	鄂托克旗国有草场		鄂尔多斯市鄂托克旗
5	科尔沁右翼前旗国有草场		兴安盟科尔沁右翼前旗
6	青山国有草场	吉 林	白城市洮北区
7	肇源国有草场	黑龙江	大庆市肇源县
8	白河国有草场	四 川	阿坝藏族羌族自治州若尔盖县
9	乌蒙国有草场	贵 州	六盘水市盘州市
10	德钦国有草场	云 南	迪庆藏族自治州德钦县
11	玉香国有草场	西 藏	山南市措美县
12	山丹马场国有草场	甘 肃	张掖市山丹县
13	鱼儿红国有草场		酒泉市肃北蒙古族自治县、张掖市肃南裕固族自治县
14	马啣山国有草场		定西市临洮县
15	英得尔国有草场	青 海	海西蒙古族藏族自治州都兰县
16	盐池国有草场	宁 夏	吴忠市红寺堡区、盐池县
17	昭苏马场国有草场	新 疆	伊犁哈萨克自治州昭苏县
18	创锦国有草场	新疆生产建设兵团	昭苏垦区、第四师 67 团、79 团

图 6-2　塞北国有草场（试点）

59 万 hm²，涉及 12 个省份和新疆生产建设兵团，资源各具特色，既有温性草原、草甸草原，又有高寒草原、荒漠草原；产业各具优势，既涉及草种繁育、生态修复等传统保护修复产业，又涉及高质高产人工草地、草原生态特色养殖及草原文旅等多功能利用产业。

第四节　以红色草原赋能绿色发展

一、工作背景

我国草原地区宽广辽阔，不仅蕴含了美不胜收的自然风光、博大精深的民族文化，还孕育了红军穿越川西诺尔盖草原的长征精神、"青海海原县草原原子城两弹一星精神""三千孤儿入内蒙"的博爱情怀等革命文物、革命精神和红色文化，是服务党史学习教育的重要资源，是激励广大草原儿女将红色精神转化为绿色发展的精神动力，更是铸牢中华民族共同体意识的宝贵财富。草原地区绿色资源是红色文化的载体，红色文化是草原地区绿色发展的灵魂。为深入贯彻落实习近平总书记关于用好红色资源、传承红色基因的重要论述精神，国家文物局、国家林业和草原局决定联合开展"红色草原"遴选活动，弘扬草原地区革命传统，深入践行绿水青山就是金山银山理念，以红色文化促绿色发展，以绿色发展兴红色文化，着力打造草原地区红色教育示范基地。

二、必要性与可行性

（一）必要性分析

1. 增进"五个认同"，铸牢中华民族共同体意识的需要

草原地区多为民族地区，用好红色资源，是贯彻落实习近平总书记重要指示批示精神的具体举措，有利于服务党史学习教育，挖掘弘扬蕴含其中的民族团结进步思想内涵，激励各族人民共同团结奋斗、共同繁荣发展。

2. 加大草原地区红色资源保护利用力度的需要

草原地区广袤千里、人口密度低、地方财力弱，部分地区革命文物特别是低级别革命文物保护管理状况不佳。国家文物局、国家林业和草原局通过部门合作、政策统筹、资源共享、优势互补，可发挥各自中央财政专项资金的导向作用，支持实施一批草原保护修复、防火减灾、产业发展和革命文物保护修缮、展示宣传、环境整治项目，有利于推进草原地区红色+绿色资源保护利用。

3. 生动传播红色文化，持续营造良好氛围的需要

适时举办红色资源主题推介活动，是充分发挥红色资源禀赋优势、擦亮草原地区红色名片的创新举措。

4. 落实新发展理念、促进草原地区生态文明建设的需要

开展"红色草原"推介活动，有助于推动全社会积极关注和保护草原地区历史与文化，积极关注和参与草原保护，促进"红绿"资源综合开发、协调发展，形成草原地区生态文明建设的工作合力。

（二）可行性分析

1. 资源基础

经梳理统计，中国草原五个大区即东北、蒙宁甘、新疆、青藏草原区和南方草山草坡区都有革命旧址、遗迹；在全国草原主要分布的260多个牧区和半牧区县中，近100个县拥有县级以上革命文物保护单位，占牧区县总数的38%（表6-3）。比如，内蒙古达茂草原有百灵庙起义旧址、四川阿坝新龙

表6-3　全国牧区、半牧区县全国重点文物保护单位革命文物分布表

序号	省份	县（市、旗）	名称
1	内蒙古	乌审旗	"独贵龙"运动旧址
2		达尔罕茂明安联合旗	百灵庙起义旧址
3	四　川	松潘县	阿坝红军长征遗迹
4		红原县	
5	四　川	若尔盖	阿坝红军长征遗迹
6		茂县	
7		小金县	
8		黑水县	
9		马尔康市	卓克基土司官寨
10		泸定县	泸定桥
11			红军飞夺泸定桥战前动员会旧址
12		甘孜县	白利寺
13	甘　肃	迭部县	俄界会议旧址
14		华池县	南梁陕甘边区革命政府旧址
15	青　海	班玛县	果洛红军沟
16		达日县	果洛和平解放纪念地
17		尖扎县	囊拉千户院
18		海晏县	第一个核武器研制基地旧址
19	宁　夏	同心县	同心清真大寺 （陕甘宁省豫海县回民自治政府成立大会旧址）
20	新　疆	和硕县	红山核武器试爆指挥中心旧址

草原有波日桥（红军桥）、青海班玛草原有果洛红军沟、新疆和硕草原有红山核武器试爆指挥中心旧址等。上述草原地区红色资源丰富、自然风光优美，为开展全国"红色草原"推介活动提供了良好的资源基础。

案例6-3　革命旧址、遗迹

全国12个省份共有268个牧区、半牧区县。根据第一批革命文物名录统计，有93个县拥有至少1处县级及以上革命类文物保护单位。其中，内蒙古7个县，河北3个县，山西1个县，辽宁4个县，吉林4个县，黑龙江8个县，四川24个县，西藏17个县，甘肃11个县，青海5个县，宁夏2个县，新疆7个县。全国共有20个县拥有革命类的全国重点文物保护单位。

2. 命名借鉴

"红色草原"的命名有着较为扎实的工作实践基础。一是为纪念伟大红军长征，1960年经国务院批准四川阿坝建立红原县，寓意"红色草原"，周恩来总理命名并题词"红军长征走过的大草原"。二是1955年黑龙江省国营农场管理厅在安达草原设立了红色草原牧场，1958年成立红色草原人民公社，1962年组建红色草原农垦局，1976年恢复红色草原牧场至今。三是2021年建党百年红色旅游百条精品线路集中推介了"革命烽火、红色草原"精品线路，串联起内蒙古锡林浩特市、乌兰浩特市、科右前旗6处革命旧址。

三、总体要求

（一）遴选范围

我们党领导草原地区人民的重要革命事件发生地，拥有与中国革命、建设、改革和新时代各个时期的重大事件、重要会议、重要人物紧密相关的红色资源相对丰富的草原。以国家公园、草原类自然保护区、自然公园和国有草场为重点，其他具有红色资源分布的草原亦可申请。

（二）遴选条件

坚持突出"红绿"特色，体现"红绿"融合，满足工作基础总体扎实、草原保护修复和科学利用成效明显、红色资源主题鲜明和保护良好的基本条件。

1. 草原资源方面

（1）所在区域草原面积 500hm^2 以上，保护修复与合理利用成效明显，具有示范引领作用。

（2）所在区域草原自然风光优美独特，拥有较好的交通条件和通达性。

（3）近三年没有发生过影响广泛、性质恶劣的破坏草原违法犯罪案件和重特大草原火灾及其他安全生产事故。

（4）具备旅游餐饮住宿公共服务的基本条件。

2. 红色资源方面

（1）所在区域红色资源主题鲜明、史实清晰，拥有县级文物保护单位以上级别的革命文物。

（2）所在区域红色资源保护传承工作扎实，革命文物保护状况良好，革命文物保护管理机构完善。

（3）生动传播红色文化，具备组织展示宣传教育的基本条件。

（4）近三年没有发生过重大文物违法犯罪案件或者文物安全事故。

（三）遴选程序

1. 申请单位

县级人民政府，跨县域草原可联合申报。

2. 申请流程

申请单位准备申请材料并提交省级林草主管部门。省级林草主管部门会同省级文物主管部门对申请材料进行初审，并共同行文报国家林业和草原局、国家文物局。每个省份可申请两处草原。

3. 核定公布

国家林业和草原局、国家文物局共同组织有关专家对申请材料进行核审，符合条件的入选"红色草原"推荐名单，并由国家林业和草原局、国家文物局共同公布并授牌。

（四）具体要求

1. 遴选组织坚持高起点、高标准

以县级人民政府为申请主体，申请地区必须同时满足总体工作基础扎实、

红色资源主题鲜明和革命文物资源丰富且保护良好、草原保护修复和科学利用成效显著，彰显"红绿"特色、体现"红绿"融合的基本条件。

2. 首批推介坚持少而精，讲好红色故事，弘扬红色传统

"红色草原"首批推介名单建议遴选革命历史最厚重、红色资源最富集、保护管理展示条件最好、社会影响力最突出、旅游服务设施健全的草原，依托最具社会影响力的 5~10 处红色草原予以推介，确保推介名单分量重、无争议、有足够影响力。后续推介活动将视首批推介效果不定期举办，坚持品牌意识，确保高质量推进。

3. 做好首批推介名单的舆情引导工作

加强宣传阐释工作，确保社会认可、凝聚保护共识，让正能量产生大流量、好声音成为最强音。

四、建设情况

按照国家文物局、国家林业和草原局《关于开展"红色草原"推介活动的通知》要求，国家文物局、国家林业和草原局联合下发《关于公布第一批红色草原的通知》，确定 12 处草原入选第一批"红色草原"名单，即山西花坡草原，内蒙古明安草原、乌拉盖草原，吉林郭尔罗斯草原，湖南南滩草原，湖南、广西南山草原，四川红原草原、甘孜草原、松潘草原，甘肃红石窝草原，青海金银滩草原，新疆塔什汗草原。要求各有关地方和部门要切实加强对"红色草原"革命文物和草原生态的系统保护，加大支持力度，建立协作机制，形成工作合力，组织开展革命文物调查，对重要的革命文物应提升保护级别；用好红色资源，促进绿色发展，常态化、长效化服务党史学习教育、"四史"宣传教育和生态文明教育，打造富有特色的革命传统教育、爱国主义教育、青少年思想道德教育和草原保护与绿色发展基地；丰富文化和生态产品供给，助力融合发展，以绿色发展促进红色资源保护传承，以红色资源赋能草原地区高质量发展和生态文明建设。

（一）花坡草原

位于山西省长治市沁源县，草原类型以山地草甸为主，境内有山西花坡国家草原自然公园（试点）；是抗日战争时期太行地区通往延安秘密交通线的重要段落，现有县级文物保护单位北沟村秘密交通站旧址、圪旋头遭遇战遗址等革命文物（图6-3）。

图6-3　花坡草原

（二）明安草原

位于内蒙古自治区包头市达尔罕茂明安联合旗，草原类型以温性草原为主；是"草原英雄小姐妹"舍生忘死保护集体羊群的英勇事迹发生地，现有自治区文物保护单位龙梅、玉荣旧居等革命文物（图6-4）。

图6-4　明安草原

（三）乌拉盖草原

位于内蒙古自治区锡林郭勒盟乌拉盖管理区，草原类型以温性草甸草原和温性草原为主；是内蒙古生产建设兵团农垦历史的见证地，现有原内蒙古生产建设兵团六师五十一团大礼堂等革命文物（图6-5）。

图6-5　乌拉盖草原

（四）郭尔罗斯草原

位于吉林省松原市前郭县，草原类型以温性草甸草原为主；是抗日战争时期郭前旗蒙古族进步青年组织"大同会"和解放战争时期郭前旗蒙古骑兵独立团的诞生地，现有县级文物保护单位前郭县革命烈士纪念陵园等革命文物（图6-6）。

图 6-6 郭尔罗斯草原

（五）南滩草原

位于湖南省张家界市桑植县，草原类型以热性灌草丛和山地草甸为主，境内有湖南南滩国家草原自然公园（试点）；是土地革命战争时期湘鄂西、湘鄂川黔革命根据地的重要组成部分，现有全国重点文物保护单位贺龙故居，红二、六军团长征出发地旧址和省级文物保护单位贺龙刀劈芭茅溪盐税局旧址、贺龙武装讨袁廖城议事旧址等革命文物（图6-7）。

图6-7 南滩草原

（六）南山草原

位于湖南省邵阳市城步苗族自治县和广西壮族自治区桂林市龙胜各族自治县，草原类型以山地草甸和热性灌草丛为主，是中国南方高山牧场的典型代表；是中央红军长征翻越的"老山界"所在地，现有全国重点文物保护单位湘江战役审敌堂和省级文物保护单位老山界红军路、高山红哨旧址、红军岩等革命文物（图6-8）。

图 6-8　南山草原

（七）红原草原

位于四川省阿坝藏族羌族自治州红原县，草原类型以高山草甸和沼泽为主；1960 年，国务院批准设立红原县，周恩来总理题词命名"红军长征走过的大草原"，现有全国重点文物保护单位阿坝红军长征遗迹和省级文物保护单位日干乔红军过草地遗迹等革命文物（图 6-9）。

图6-9　红原草原

（八）甘孜草原

位于四川省甘孜藏族自治州甘孜县，草原类型以高寒草甸为主；是红军二、四方面军长征途中的甘孜会师所在地，现有全国重点文物保护单位白利寺和省级文物保护单位朱德旧居，红二、四方面军甘孜会师纪念地，十八窑洞群遗址等革命文物（图6-10）。

图 6-10 甘孜草原

（九）松潘草原

位于四川省阿坝藏族羌族自治州松潘县，草原类型以高寒草甸为主；是红军长征爬雪山、过草地的发生地，现有全国重点文物保护单位毛尔盖会议会址、沙窝会议会址和省级文物保护单位红军长征纪念碑碑园、塔坪山红军战斗遗址等革命文物（图6-11）。

图6-11 松潘草原

（十）红石窝草原

位于甘肃省张掖市肃南裕固族自治县，草原类型以高寒草甸草原为主；是西路军浴血奋战的地方，现有县级文物保护单位石窝会议会址、大草滩红军战壕、红西路军纪念塔、石居里河红军居住地等革命文物（图 6-12）。

图6-12　红石窝草原

（十一）金银滩草原

位于青海省海北藏族自治州海晏县，草原类型以高寒草甸和高寒草原为主；是中国第一个核武器研制基地的所在地，现有全国重点文物保护单位第一个核武器研制基地旧址（图6-13）。

图 6-13　金银滩草原

（十二）塔什汗草原

位于新疆维吾尔自治区巴音郭楞蒙古自治州和硕县，草原类型以高寒草原为主；是原中国核武器试爆指挥机构的所在地，现有全国重点文物保护单位红山核武器试爆指挥中心旧址（图6-14）。

图 6-14　塔什汗草原

参考文献

洪绂曾. 中国草业史[M]. 北京:中国农业出版社,2011.

任继周. 草业科学研究方法[M]. 北京:中国农业出版社,1998.

任继周. 草地农业生态系统通论[M]. 合肥:安徽教育出版社,2004.

任继周. 中国农业系统发展史[M]. 南京:江苏凤凰科学技术出版社,2015.

任继周. 中国农业伦理学概论[M]. 北京:中国农业出版社,2021.

李毓堂. 草业:富国强民的新兴产业[M]. 银川:宁夏人民出版社,1994.

李毓堂. 钱学森知识密集型草产业及第六次产业革命的理论与实践[M]. 北京:中国农业出版社,2010.

南志标. 中国农区草业与食物安全研究[M]. 北京:科学出版社,2017.

胡自治. 草原分类学概论[M]. 北京:中国农业出版社,1997.

胡自治. 青藏高原的草业发展和生态环境[M]. 北京:中国藏学出版社,2000.

胡自治. 中国草业教育史[M]. 南京:江苏凤凰科学技术出版社,2015.

唐芳林. 走进草原——草原知识百问[M]. 北京:中国林业出版社,2022.

卢欣石. 草原知识[M]. 北京:中国林业出版社,2019.

董世魁,蒲小鹏. 草原文化与生态文明[M]. 北京:中国环境出版社,2020.

国家林业和草原局. 2020年全国草原监测报告[M]. 北京:中国林业出版社,2021.

国家林业和草原局,国家发展和改革委员会. "十四五"林业草原保护发展规划纲要[EB/OL]. (2021-08-19)[2022-06-09]. https://www.gov.cn/xinwen/2021-08-19/content_5632156.htm.

全国畜牧总站. 中国草业统计(2001—2019)[M]. 北京:中国农业出版社.

吕世海,叶生星,郑志荣,等. 北方森林草原交错带[M]. 北京:中国环境科学出版社,2012.

任继周. 森林—草地生态系统的农学含义[J]. 草业科学,1989,(4):1-4.

唐芳林. 完善草原治理体系 推进生态文明建设[J]. 中国党政干部论坛,2021,391(6):78-81.

唐芳林,杨智,王卓然,等. 生态文明视域下草原治理体系构建研究[J]. 草地学报,2021,29(11):10.

唐芳林,宋中山,孙暖,等. 关于国有草场建设的思考[J]. 草地学报,2021,29(5):5.

唐芳林. 加强草原保护修复 促进草原高质量发展[J]. 中国林业,2021(8):20-29.

唐芳林,刘永杰,韩丰泽,等. 创建草原自然公园,促进草原科学保护和合理利用[J]. 林业建设,2020(2):6.

唐芳林,周红斌,朱丽艳,等.构建林草融合的草原调查监测体系[J].林业建设,2020(5):6.

董世魁,唐芳林,平晓燕,等.新时代生态文明背景下中国草原分区与功能辨析[J].自然资源学报,2022,37(3):14.

董世魁.草原与草地的概念辨析及规范使用刍议[J].生态学杂志,2022(5):041.

周红斌,刘永杰,朱丽艳,等.草原发展SWOT分析[J].林业建设,2020(2):6.

赵金龙,刘永杰,唐芳林,等.中国草原自然公园建设的必要性[J].中国草地学报,2020,42(4):1-7.

赵金龙,唐芳林,刘永杰.生态文明建设背景下我国草坪业发展的思考[J].草业科学,2021,38(10):2077-2086.

赵金龙,刘永杰.草原自然公园 中国草原保护与利用的新探索[J].中国林业,2020(9):4.

林占禧.菌草技术现状及其应用前景[J].学术评论,1996,000(0Z1):80-83.

中华人民共和国国务院办公厅.国务院办公厅关于加强草原保护修复的若干意见[EB/OL].(2021-03-12)[2021-08-18].http://www.gov.cn/zhengce/content/2021-03-30/content_5596791.htm.

西藏商报.西藏全面推广"江水上山"项目.[EB/OL].(2021-10-09)[2022-12-20].http://www.xizang.gov.cn/xwzx_406/bmkx/202110/t20211009_264497.html.

高洪文.生态交错带(Ecotone)理论研究进展[J].生态学杂志,1994,(1):32-38.

刘立成,吕世海,高吉喜,等.呼伦贝尔森林–草原交错区景观格局时空动态[J].生态学报,2008,28(10):4982-4991.

罗明,于恩逸,周妍,等.山水林田湖草生态保护修复试点工程布局及技术策略[J].生态学报,2019,39(23):8692-8701.

孟林,毛培春,郑明利,等.浅析林草复合种植模式下的草地生态功能[J].草学,2021,(4):1-5.

平晓燕,王铁梅,卢欣石.农林复合系统固碳潜力研究进展[J].植物生态学报,2013,37(01):80-92.

石培礼,李文华.生态交错带的定量判定[J].生态学报,2002,(4):586-592.

石岳,赵霞,朱江玲,等."山水林田湖草沙"的形成、功能及保护[J].自然杂志,2022,44(1):1-18.

王庆锁.河北北部和内蒙古东部森林—草原交错带森林景观格局初步研究[J].生态学杂志,2004,(3):11-15.

王夏晖,张箫.我国新时期生态保护修复总体战略与重大任务[J].中国环境管理,2020,12(6):82-87.

杨明,周桔,曾艳,等.我国生物多样性保护的主要进展及工作建议[J].中国科学院院刊,2021,36(4):399-408.

张丽佳,周妍.建立健全生态产品价值实现机制的路径探索[J].生态学报,2021,41(19):7893-7899.

中国绿色时报. 草原具有水库重要功能——国家林业和草原局草原管理司有关负责人阐释草原 "四库" 功能 [EB/OL]. (2022-06-08) [2023-02-16]. https://www.forestry.gov.cn/main/3957/20220609/103952821703257.html.

中国绿色时报. 草原具有钱库重要功能——国家林业和草原局草原管理司有关负责人阐释草原 "四库" 功能 [EB/OL]. (2022-06-09) [2023-02-16]. https://www.forestry.gov.cn/main/586/20220609/085903606977726.html.

中国绿色时报. 草原具有粮库重要功能——国家林业和草原局草原管理司有关负责人阐释草原 "四库" 功能 [EB/OL]. (2022-06-13) [2023-02-16]. https://www.forestry.gov.cn/main/5501/20220615/160620109813312.html.

中国绿色时报. 草原具有碳库重要功能——国家林业和草原局草原管理司有关负责人阐释草原 "四库" 功能 [EB/OL]. (2022-06-14) [2023-02-16]. https://www.forestry.gov.cn/main/5501/20220615/162546514864920.html.